Fabricación de embutidos

Principios y práctica

Acerca del autor

EFFIONG ESSIEN es responsable del control de calidad y desarrollo de nuevos productos en una compañía líder en el sector de los productos cárnicos procesados. Es miembro de la Royal Society for the Promotion of Health de la British Society of Animal Science y del Institute of Biology.

Traducción de

Dr. Manuel Alcalá Aguilera

Profesor Titular
Dpto. de Bromatología y Tecnología de los Alimentos
Universidad de Córdoba

Fabricación de embutidos

Principios y práctica

Effiong Essien

Editorial ACRIBIA, S.A.
ZARAGOZA (España)

Título original: *Sausage manufacture: Principles and practice, 1ª ed.*
Autor: *Effiong Essien*
Editorial: *Woodhead Publishing Ltd.*
Abington Hall, Abington
Cambridge CB1 6AH, England

Original English language edition published by Woodhead Publishing Ltd.

Reimpresión 2016

I.S.B.N.: 978-84-200-1054-0

www.editorialacribia.com

IMPRESO EN ESPAÑA PRINTED IN SPAIN

Depósito legal: Z-1.768/2013 Editorial ACRIBIA, S.A.- Royo, 21 - 50006 Zaragoza (España)

Imprime: ULZAMA DIGITAL

Índice de contenido

Prólogo

Effiong Essien ha escrito su obra, *Fabricación de embutidos*, en un momento en el que el interés del consumidor por la carne y productos cárnicos se mantiene intacto. A pesar de todos los desafíos a la confianza del consumidor, los embutidos siguen constituyendo una parte popular de la dieta europea y americana.

Pero ¿qué son los embutidos? Este libro se lo mostrará. En él se describen los pasos para la formulación y producción de los mismos y los requisitos relacionados con los aspectos de calidad y seguridad de los embutidos. Detalla las tendencias de mercado y los retos que, para alcanzar el éxito, habrán de afrontar en el futuro los fabricantes de embutidos.

La industria de fabricación cárnica se halla constreñida por una plétora de disposiciones cuyo objetivo es asegurar la calidad y seguridad de los productos. Ninguna otra industria se halla tan ampliamente regulada. Este compendio pone de relieve los requisitos legales en la fabricación de embutidos. También reconoce la existencia de un número creciente de nuevos clientes y exigencias del consumidor, ligadas a una producción de embutidos satisfactoria.

Cuando hablamos de productos basados en la carne, los consumidores, generalmente, desean conocer su país de procedencia. Igualmente requieren información sobre los ingredientes del producto. En la actualidad interesa conocer también la forma de cría de los animales productores de carne. ¿Se criaron los animales en ambientes relajados? ¿Qué comieron? Existe una preocupación del consumidor no sólo por la modificación genética de nuestros alimentos, sino también por lo relacionado con la alimentación animal.

Essien presta, con razón, mucha atención a la necesidad de sistemas de gestión de máxima calidad, a la aplicación de los principios del APPCC, a la importancia de la obtención de materias primas a partir de fuentes de calidad garantizada y reconocida, a un seguimiento esencial y a las pruebas documentales. Esto representa la piedra angular de la confianza del cliente, aunque no sean los únicos criterios de calidad que éste exige.

Si antes existían números E ahora existe una preferencia por los ingredientes naturales. Recientemente hemos comprobado un incremento en la demanda de embutidos orgánicos, embutidos de bajo contenido graso, embutidos con contenidos de sal reducido, incluso embutidos vegetarianos. Sobre todo se ha constatado una demanda de embutidos exóticos y gastronómicos. En este libro se examina la próspera evolución y supervivencia de los embutidos. Ello supone un estímulo para el fabricante de embutidos con vistas a un cambio y los retos que éste lleva consigo.

Celia Bennett
Directora de la British Meat Manufacturer´s Association

Acerca del autor

Effiong Essien es un cualificado científico de la carne, con una amplia experiencia en Garantía Técnica y de Calidad en la industria de productos cárnicos procesados. En la actualidad desempeña su labor como Technical Manager al frente de los departamentos de QA y DNP, para uno de los principales fabricantes de productos cárnicos procesados.

Además de dirigir las auditorías internas del Quality Management System, establece las especificaciones para la materia prima, procesos y productos acabados de la empresa. Junto a esta especificación de la materia prima, su responsabilidad abarca la realización de auditorías externas de materias primas. Es responsable del sistema de calidad, DNP e iniciativas. Es asimismo responsable del servicio de atención al cliente, entrenamiento en técnica e higiene y servicios técnicos generales de sus empleados.

Es responsable de un Master Science en Ciencia de la Carne en la Universidad de Bristol y un Bachelor Science en Ciencia Animal. Es miembro de la British Society of Animal Science y socio de la Royal Society for the Promotion of Health, así como Chartered Biologist y miembro del Institute of Biology.

Acerca del libro

Este libro presenta de una forma práctica y sencilla los principios de la fabricación de embutidos. Pone de relieve los factores necesarios para la consecución del éxito, por parte de la industria, en los próximos años. Proporciona datos y figuras sobre los modelos de consumo y la cuota de mercado de venta al por menor de embutidos. La industria cuenta todavía con un gran potencial, que se halla en manos de los directores y administradores con sistemas de producción flexibles, capaces de adaptarse a las exigencias y necesidades cambiantes de los consumidores. Entre las principales características del libro se incluyen el desarrollo de nuevos embutidos, gestión de la calidad y seguridad de los embutidos y requisitos de certificación y acreditación, así como los pertinentes sistemas APPCC en la industria. En último término, el libro señala los nuevos caminos por los que, probablemente, transcurrirá la industria en la próxima década.

Este libro se dirige a:

- todos los fabricantes y proveedores de la industria alimentaria, proveedores de ingredientes, importadores y exportadores
- gestores de ventas y comercialización
- administradores de producción, técnicos, DNP y responsables de investigación, incluidos los directores
- responsables de información y reglamentación
- abogados y representantes de la industria
- estudiantes y profesores de ciencia de los alimentos.

Figuras

Tablas

Introducción

La utilización de embutidos como productos cárnicos procesados y componentes de los alimentos se ha identificado con diferentes y diversas culturas de todo el mundo, desde hace muchos siglos. En la sociedad británica ha sido tradicional el consumo de embutidos y continuará siendo popular durante mucho tiempo en tanto que los compradores adquieran los embutidos como producto independiente o como componente de las comidas. En el año 2000, *Meat and Poultry News* publicó una encuesta en la que se indicaba que el 82% de los consumidores manifestaba que un desayuno inglés completo no sería tal sin la presencia de embutidos. En 1997 el volumen de embutidos de carne de cerdo y vaca en el Reino Unido se estimó en 197.000 toneladas (Tabla 2.3). En 1993, la estimación de gastos domésticos en embutidos de cerdo (no cocidos) fue de 289 millones de libras esterlinas, cifra que ascendió hasta 392 millones en 1998 (Tabla 2.2).

La pasión por el consumo de embutidos no es sólo tradicional entre la población británica y la del resto de Europa, sino también en Estados Unidos, donde se ha calculado un consumo de siete billones de perritos calientes en el verano del 2000 *(Meat International, 2000)*. La tendencia creciente en el consumo y popularidad de los embutidos en Europa y América es un perfecto reflejo del interés del consumidor, a nivel mundial, por estos productos cárnicos procesados.

La fabricación de embutidos es un proceso sencillo, en el que se permite que la carne sufra una serie de cambios químicos y estructurales controlados. Son básicos en todas las culturas, pero las características peculiares conseguidas dependen de los diferentes métodos de preparación y de las especias utilizadas. Aunque el tamaño y alcance de la operación han sufrido un cambio notable, los principios e ideas actuales de la fabricación de embutidos, encaminadas a conseguir productos de un elevado valor organoléptico y con una mayor vida útil, permanecen idénticas (FAO, 1985).

El uso de los embutidos como componente de las comidas y sándwichs ha sido ampliamente estudiado por los fabricantes. Las estanterías de las tiendas de comestibles no sólo están repletas de embutidos de diferentes tipos y formas, sino que también muestran productos de diferentes dimensiones, tipos y flavores, fabricados con embutidos cocidos. En este campo existe todavía un gran potencial que ha permitido recientemente a algunos fabricantes llevar a cabo un cambio en el proceso, a fin de acomodar el incremento en la demanda de embutidos cocidos en el sector de los sándwichs y comidas precocinadas. Este incremento abarca igualmente una serie de embutidos orgánicos, con bajo contenido de sal y grasa y embutidos gastronómicos, de diferentes formas, sabores y dimensiones.

¿Cuáles son los factores vitales para conseguir el éxito en la fabricación de embutidos?

Como sucede con cualquier otro producto en el mercado de alimentos, la fabricación de embutidos y su supervivencia han sido dirigiridas por el cliente y el consumidor. La proliferación de nuevos tipos y clases de embutidos, que ha sido posible gracias al avance y mayor comprensión de la ciencia y tecnología de la carne, junto a la tecnología de encapsulación y la experiencia de los especialistas del sector, indican el respaldo a estos productos por parte de los consumidores. El proceso de fabricación de embutidos es flexible desde el punto de vista de las necesidades de los consumidores, y sus exigencias son cada vez mayores y se encuentran en un continuo cambio.

Últimamente el interés de los clientes se ha centrado no sólo en lo concerniente al país de origen de la carne utilizada, sino también en lo referente a la cría de los animales en condiciones confortables. Algunos consumidores desean una garantía de que la carne procede de animales alimentados con vegetales. La controversia que rodea el uso de ingredientes sospechosos de proceder de fuentes genéticamente modificadas se ha extendido a la fabricación de embutidos. Aun cuando esta controversia se halla muy extendida y constituye un asunto de gran sensibilidad en algunas sociedades de consumidores, en otras la utilización de tales ingredientes genera muy poca protesta. Muchos consumidores quieren embutidos fabricados con ingredientes desprovistos de organismos genéticamente modificados (OGM), aunque sólo unos pocos han expresado la necesidad de asegurarse de que los animales de los que procede la carne no han sido alimentados con ingredientes OGM. Existe la inquietud de que los alimentos genéticamente modificados no han sido declarados seguros para el consumo humano. Muchos fabricantes están dirigiendo sus objetivos hacia el mercado de aquellos clientes reacios a la presencia de OGM en los alimentos con el fin de conseguir nuevas investigaciones, desarrollos y avances que los hagan ser bien recibidos, basándose en los beneficios de estos organismos, aun cuando dichos fabricantes pueden ser requeridos para proporcionar clientes cuya política indique la ausencia de OGM en materiales y procesos. La industria está capacitada para encontrar fuentes que satisfagan todas estas necesidades, que no obstante constituyen un desafío.

Otro factor es el precio del embutido, bastante competitivo cuando se compara con el de otros productos cárnicos. La producción de embutidos utiliza normalmente como materia prima sobras de carne relativamente baratas. Estos materiales están constituidos básicamente por recortes, caracterizados por un elevado contenido graso y de tejido conectivo, con escasa funcionalidad. La fabricación de embutidos es, por tanto, una forma de incrementar el valor de estos recortes y, por consiguiente, incrementar la utilización de la canal.

Un tercer factor es la manifestación de tendencias sociológicas, como la de proporcionar comodidad en la preparación de alimentos. Actualmente, a medida que cada uno de los miembros de una familia desarrolla una profesión, el tiempo empleado en la preparación de alimentos es mucho menor. Igualmente, los embutidos cocidos proporcionan la opción de emplear el microondas, sobre todo como componentes de la comida. Además, se consumen más comidas en tanto que muchos fabricantes abren sus propios puntos de *catering* y venta al por menor. Muchos de estos puntos de venta tienen embutidos como componentes de la comida. Los embutidos han encontrado un mercado efectivo en la industria del *catering*, colegios, hospitales, sector de ocio y viajes y establecimientos públicos.

Finalmente, la fabricación de embutidos ofrece, dentro del sector de productos cárnicos procesados, una oportunidad sin par para el desarrollo de nuevos productos (DNP). Cada uno de los nuevos productos tiene su propio ciclo de vida en el mercado y la iniciativa en el desarrollo de éstos es capaz de satisfacer de manera constante las expectativas de los consumidores, presentándoles de este modo la enorme variedad de nuevos productos que la producción de embutidos puede proporcionar.

¿Cuáles son los retos a los que se enfrenta el sector?

Existe un elevado nivel de competitividad dentro del sector, y de acuerdo con las alarmas y recientes cuestiones de seguridad surgidas en la industria cárnica, muchos consumidores parecen relacionar la seguridad con los productos de primera calidad. Para llegar a cubrir los gastos, algunos fabricantes de embutidos han diversificado sus operaciones transformando sus plantas para el relleno de sándwichs y componentes de comidas, exponiéndose de esta forma a una mayor competencia. Otros han decidido restringir su campo de operaciones para captar únicamente un mercado especializado, situándose así en una posición ventajosa para ofrecer productos de primera calidad. Estos pasos revolucionarios han tenido un impacto significativo sobre los márgenes de precios de otros operadores, quienes desearían inclinarse hacia los productos de primera calidad. Los fabricantes importantes parecen perder relevancia, consiguiendo probablemente márgenes excelentes en las economías de escala.

La competitividad en el precio de los embutidos en el sector de los productos cárnicos procesados supone, indudablemente, un impulso natural hacia la consecución de productos de calidad. Además de calidad y seguridad, los embutidos requieren un planteamiento sistemático para diseñar, desarrollar, evaluar y ejecutar cada una de las fases del proceso de producción. Debe existir un marco consolidado de clientes y usuarios del producto que garantice que los embutidos se fabrican de acuerdo con sus especificaciones y normas reguladoras.

Para superar la competencia, muchos productores de embutidos reconocen cada vez más que son ellos mismos los que identifican y alcanzan normas de calidad seguras, al tiempo que dejan constancia de su decisiva contribución al éxito de las ventas. Esta identificación de la calidad no está relacionada o no debería estar relacionada con las referencias de ventas, sino que supone más bien un indicador de la situación real del proceso, ya que los clientes y usuarios del producto disponen actualmente de una serie de herramientas extraordinariamente objetivas y/o subjetivas para medir la calidad y seguridad. No se valora suficientemente que la aplicación de normas de calidad y seguridad en los alimentos represente un beneficio mutuo, por igual, para los productores y consumidores. Los fabricantes de embutidos que aplican las normas de calidad, seguridad y seguimiento más rígidas se han situado por sí mismos en un buen lugar dentro de la industria, experimentando de forma casi permanenente un crecimiento, expansión y florecimiento en el sector de procesado de la carne.

Uno de los mayores retos que debe encarar el sector, sin embargo, se refiere al uso y disponibilidad del trabajo; la continua investigación en la industria se encamina a solucionar de forma práctica y rentable la escasez de mano de obra cualificada. Existe una continua reducción de personal cualificado y con experiencia, probablemente debido a insuficientes niveles de motivación y remuneración. Por otra parte, los empresarios encuentran difícil ofrecer programas de entrenamiento de personal dirigidos a aquellas personas que probablemente no van a permanecer mucho tiempo en la empresa. Sería interesante evaluar el impacto del nivel de cualificación y conocimiento operativo y competitividad de la plantilla sobre el futuro potencial del sector.

Otro problema al que debe enfrentarse el sector es el de la disponibilidad de un equipo de dirección competente, con conocimiento y experiencia suficientes para abordar la expansión en curso y el aumento de la demanda dentro del mismo sector. La industria alimentaria, en su conjunto, está aprendiendo de experiencias anteriores y sufriendo un cambio significativo en términos de diligencia de cumplimiento, seguridad alimentaria y del consumidor, incluido lo concerniente al seguimiento, normas necesarias y cotas que deben establecerse y reforzarse, no sólo a nivel nacional sino también internacional. Como consecuencia, la información en relación con la fuente, origen, composición y etiquetado es cada vez más precisa, extensa y detallada, lo que posibilita el seguimiento y una posible retirada del mercado. El sector requiere un cambio de cultura para adoptar una gestión más intensa e inteligente, dirigida a los requisitos y aspectos que desarrollar. El cambio de cultura implica la adaptación a las necesidades, en continuo cambio, de la industria, al tiempo que no debería suponer un motivo de pesimismo. Un buen y bien estructurado entrenamiento de gestión de los responsables de empresas alimentarias, supondría un paso en la dirección adecuada, ya que les proporcionaría una capacidad y experiencia adicionales.

El mayor problema al que se enfrenta la industria es, probablemente, el relacionado con los productos cárnicos, ya que la carne constituye una gran proporción de los ingredientes de las recetas. Cualquier alarma alimentaria en la que esté involucrada la carne tiene un efecto directo sobre la fabricación y el mercado de embutidos. Los productores se hallan familiarizados con episodios en los que la dioxina, BSE, salmonella y OGM interfieren en la alimentación del ganado, por lo que demandan una adecuada diligencia de cumplimiento, seguimiento y sistema de calidad. Nunca se puede poner demasiado énfasis en el significado de un sistema de calidad dinámico, en constante desarrollo, que reconozca y posiblemente adopte nuevos conocimientos, desarrollo, experiencias, percepciones y necesidades de los consumidores. Los productores que sean flexibles en lo que se refiere a sus fuentes de suministro, es decir, a sus listas de proveedores, serán siempre los menos afectados. Los fabricantes cuyos sistemas sean también lo suficientemente flexibles para modificar y extender las líneas de producción, desde el embutido tradicional para el desayuno hasta los orgánicos y cocidos, incluyendo una amplia diversidad de nuevos productos, podrán igualmente contar con una excelente cuota de mercado en la próxima década.

Capítulo 1
Definición de embutidos

Es difícil definir los embutidos de una forma sencilla, ya que son muchos y variados. Se ha intentado, sin embargo, definirlos por su forma, tipo o contenido cárnico. De modo característico, los embutidos son productos cárnicos triturados y procesados, elaborados con carne roja de pollo o una mezcla de ésta con agua, agentes ligantes y aliños. Usualmente se introducen en una tripa y pueden someterse a un proceso de curado, ahumado o cocción. La FAO (1985), reconoció los embutidos como una de las formas más antiguas de procesado de la carne, en los cuales ésta sufre una serie de modificaciones hasta que adquiere las propiedades organolépticas y de conservación deseables.

1.1 Forma

Los embutidos se definen, popularmente, como productos de forma cilíndrica con extremos hemiesféricos. Pero esta definición convencional de los embutidos por su forma es cada vez menos popular, ya que existe una mayor demanda de embutidos de diferentes formas y tamaños. Como componente de las comidas, los embutidos se producen en rodajas (embutidos para sándwichs) o en cubitos, con o sin piel, destinados a los sectores del mercado de platos preparados, comidas precocinadas y sándwichs. En relación con la forma de los embutidos, el proceso de fabricación ha experimentado una cierta creatividad, dado el interés primordial por la presentación y atractivo para el cliente. Algunos de éstos exigen diversos cortes transversales con el fin de conseguir una determinada forma durante la cocción para su posterior presentación en el plato. Otros prefieren una forma que sea compatible con un envasado para comidas o sándwichs que proporcione el efecto deseado.

1.2 Tipo

Entre los tipos de embutidos se encuentran el fresco estilo UK, cocido, fermentado y de emulsión.

1.2.1 Embutidos frescos tipo UK

Los embutidos estilo UK no se han sometido a cocción, son productos con un triturado grosero que se venden como productos sin cocer, frescos o congelados. Son los más populares en el Reino Unido y abarcan la mayor cuota del mercado de embutidos. A diferencia de los embutidos fermentados o de emulsión, no están curados y, con frecuencia, presentan diversos grados de picado y contenido cárnico.

1.2.2 Embutidos cocidos

Algunos fabricantes además, han procedido a cocer los embutidos, cortarlos en rodajas o en cubitos, principalmente para añadir seguridad y comodidad a los mismos, en los sectores de platos preparados y comidas precocinadas. Esto requiere el uso del horno, parrilla y grasa o aceite para freír por inmersión los embutidos tras su relleno. Muchos programas de cocción requieren la supervisión del tiempo y temperatura para conseguir una calidad uniforme. En esta situación debe llevarse a cabo la supervisión de la temperatura en el centro del producto para conseguir buenos resultados. La extensión adicional del proceso puede llevar a algunos productores a cortar los embutidos cocidos en rodajas o cubitos de diferentes formas y tamaños con cuchillas afiladas. Los productos resultantes tienen su razón de ser como componentes de los sectores de comidas y sándwichs.

1.2.3 Embutidos fermentados

En la elaboración de embutidos fermentados se utiliza la fermentación, uno de los métodos más antiguos de conservación de la carne. Los embutidos fermentados se caracterizan por una vida útil relativamente prolongada debida a la producción de ácido láctico durante el proceso de fermentación.

Los embutidos fermentados se clasifican en secos y semisecos:

1 Secos
- Salami
- Peperoni
- Génova

2 Semisecos
- Salchicha de verano o cervelat
- Bolonia de Lebanon

En un proceso de fermentación se utilizan ingredientes para el curado, especias y un número relativamente amplio de microorganismos cultivados (cultivo *starter*). Los productos se presentan al final del proceso como productos secos curados. Tradicionalmente, los embutidos fermentados se elaboran empleando bacterias ácidas presentes de forma natural en la carne o mediante la inoculación de un lote nuevo y otro antiguo. La introducción de la microflora tiene lugar en el momento del picado; la mezcla se introduce en las tripas, dejándola fermentar y posteriormente secar. En algunos procesos la desecación tiene lugar antes que la cocción. A consecuencia de los ácidos producidos durante la fermentación se inhibe el desarrollo de bacterias patógenas. El bajo pH y las condiciones de sequedad del producto son los principales responsables del prolongado mantenimiento de la calidad. Los embutidos fermentados tienen un contenido cárnico relativamente alto, requiriendo un elevado tiempo de preparación debido a la serie de procesos de desecación requeridos, que pueden alcanzar hasta las siete semanas. Los embutidos semisecos se ahúman, se cuecen y finalmente se desecan.

1.2.4 Embutidos de emulsión

Los embutidos de emulsión presentan un grado de trituración mucho más fino que los embutidos tipo UK. Se cuecen y ahúman y son ampliamente consumidos en Europa. A ellos pertenecen el bolonia, *kochwurst*, *bruhwurst*, las salchichas de Frankfurt y los embutidos de hígado. El proceso de elaboración de las salchichas de Frankfurt tiene la ventaja de la capacidad natural de la carne para absorber y retener agua, sin necesidad de utilizar agentes ligantes a base de cereales. Un gran número de salchichas de Frankfurt se comercializa como productos cocidos al horno con diferentes colores, tamaños y flavores. El flavor característico a humo se consigue mediante la adición de humo natural o líquido durante el proceso, mientras que el color puede obtenerse por inmersión en un recipiente con el colorante adecuado. La consecución satisfactoria de estas características justificaría la eliminación de la piel. Aunque se producen en el Reino Unido, la mayoría se importan como embutidos cocidos.

1.3 Variedades de embutidos

Existen muchas variedades diferentes de embutidos, entre los que se encuentran: Lincolnshire, de jabalí, de venado, de cerdo, de cerdo y puerro, de cordero y menta, de cerdo y vacuno, de cordero y romero, de cordero picante, chino, pepitas de embutido (*nugget*), irlandés, de Wiltshire, anillos de Cumberland, embutidos para *catering*, embutidos de pollo Halal, embutidos gastronómicos, chipolata (salchicha fina), con bajo contenido graso, irlandés, con bajo contenido de sal, Cajun, de pollo aliñado con zumo de limón y estragón, salchichas de Frankfurt de pollo, de cerdo a la cerveza, salchichas de Frankfurt de cerdo, de Toulouse, saveloy, de arándanos, con queso Stilton, embutido de beicon con bajo contenido graso, y ahumado con madera de haya.

Estos embutidos pueden elaborarse como categorías de primera o media calidad o más económicos, y están disponibles en tiendas de venta al por menor, como supermercados, tiendas de comestibles y carnicerías. Pueden consumirse fritos, a la parrilla o dorados y acompañarse con ensalada, puré de patatas, patatas fritas, rollos de perritos calientes, salsa de tomate y mostaza; o consumirse en mercados de *catering* como centros de ocio, escenarios educativos, instalaciones de asistencia sanitaria, líneas aéreas, hoteles, restaurantes, polideportivos y otros establecimientos públicos.

Además de acompañantes, los embutidos han encontrado un lugar en muchos platos como el *gulasch*, sopa, salchichas en pasta, salchichas y puré, *curry-wurst*, tortilla francesa y estofado.

1.4 Contenido cárnico

Como se indica más adelante, la British Meat Products and Spreadable Fish Products Regulations definió los embutidos, en 1984, según su contenido cárnico. En el término embutido se incluyen la chipolata, salchichas de Frankfurt, embutido en ristras, salami, carne de salchicha y cualquier producto similar:

- Embutidos
  Los embutidos, en general, deben contener como mínimo un 50% de carne del que al menos el 50% debe estar constituido por carne magra.
- Embutidos elaborados con carne de vaca
  Los embutidos de vaca deben contener como mínimo un 50% de carne de la que al menos el 50% debe ser carne magra y un 50%, como mínimo, carne de vaca.
- Embutidos elaborados con carne de cerdo
  Los embutidos de cerdo deben contener un mínimo del 65% de carne, permitiéndose como mínimo un 50% de carne magra y un 80% de carne de cerdo.
- Embutidos elaborados con carne de cerdo y de vaca
  En los embutidos de cerdo y vaca se permite, como mínimo, un 50% de contenido cárnico con, al menos, un 50% de carne magra y un 80% de carne de cerdo y de vaca.

Con la aparición de nuevas disposiciones sobre la carne, dirigidas a armonizar la definición de carne en Estados Unidos, las anteriores descripciones darán paso a estas nuevas normas a partir del 1 de julio de 2003. En el Capítulo 3 se ofrecen los detalles sobre dichas disposiciones, atendiendo a las formulaciones.

Capítulo 2
Tendencias de mercado de los embutidos

Las estadísticas de los últimos años demuestran el éxito de la producción de embutidos y sitúan las operaciones del sector en la perspectiva adecuada. Tales datos actúan como un indicador para los inversores, personas con interés no especializado en el sector y, algo más importante, aquellos cuyas decisiones pueden producir un impacto en la fabricación y consumo de embutidos en el Reino Unido. A pesar de la avalancha de cuestiones relacionadas con la seguridad de la carne en Europa, el consumo de embutidos en el Reino Unido sigue siendo tan popular como siempre.

Los cálculos realizados por la Meat and Livestock Commission (MLC) muestran que el volumen total de embutidos vendidos al por menor en el Reino Unido en 1992 fue de 138.223 toneladas, correspondiendo a los embutidos elaborados con carne de cerdo y de vaca una cuota de mercado del 45,1% (Tabla 2.1). En 1998 se consumieron 187.000 toneladas de embutidos de carne de cerdo y de vaca (Tabla 2.3). Los gastos domésticos en embutidos de cerdo sin cocer ascendieron desde 289 millones de libras en 1993 a 392 millones en 1998, lo que representa un incremento del 26% en un periodo de cinco años (Tabla 2.2). Las cifras muestran una tendencia inversa en el gasto doméstico en embutidos de carne de vaca durante el mismo periodo de tiempo con un descenso superior al 40%. De hecho, el consumo doméstico de embutidos de carne de vaca mostró un descenso del 36%, aproximadamente, entre 1995 y 1997 (Tabla 2.3). El descenso en popularidad de los embutidos de vaca ha hecho, probablemente, inclinar la balanza del mercado a favor de los embutidos de cerdo.

Curiosamente, el consumo doméstico global estimado no se ha visto afectado negativamente por esta tendencia inversa en el consumo de embutidos de carne de vaca. De hecho, la estimación de datos sobre el consumo doméstico total de embutidos no cocidos de carne de cerdo y de vaca, en 1993, fue de 184.000 toneladas (Tabla 2.3), mientras que en 1998 las cifras aumentaron a 187.000 toneladas.

Observando las cifras en líneas generales la producción de embutidos parece ofrecer un panorama constante y satisfactorio en el mercado de la carne procesada en el Reino Unido. Aún más positivo resulta el hecho de que, hasta el momento, no se hayan agotado las oportunidades para nuevos productos dentro del sector, lo que puede añadir más emoción y satisfacción al consumo del producto. Claramente los gastos y el consumo doméstico de embutidos indican el respaldo al producto como componente alimenticio esencial, tanto en el plano familiar como individual.

Los embutidos británicos han pasado de constituir un alimento importante en el desayuno a formar parte para muchas personas de un componente de las comidas, tanto en el almuerzo como en la cena. Los nuevos productos han supuesto una revolución al ofrecer una amplia variedad de color, tamaño, textura y aspecto, lo cual viene bien al mercado de comidas precocinadas y confiere más valor a los embutidos.

Los embutidos cocidos proporcionan el nivel de comodidad deseado por la población trabajadora activa de consumidores.

En Inglaterra y Gales los precios del embutido de cerdo de máxima calidad son claramente constantes (Tabla 2.4), mostrando entre noviembre de 1999 y de 2000 un cambio de precio poco significativo. En la Tabla 2.5 se muestra un tendencia interesante, con un cambio aproximado del 5% en 1999 para los embutidos en general sobre las cifras del año anterior y, aproximadamente, un 9% en el caso de los embutidos de cerdo. Entre 1996 y 2000 aumentaron las compras domésticas de embutidos de cerdo y descendieron las de los embutidos de carne de vaca (Tabla 2.6). Las compras de embutidos de cerdo y *sausage rolls** aumentaron de forma continua entre 1988 y 1998, mientras que las de embutido de carne de vaca mostraron una tendencia decreciente (Tabla 2.7).

En estos diez años se observa una relación inversa en el gasto de los consumidores de embutidos de cerdo y de vaca (Tabla 2.8). Mientras el gasto en embutidos de cerdo aumentó más del doble, el de embutidos de vaca se redujo más de la mitad. Curiosamente, el gasto de los consumidores en *sausage rolls* aumentó más del doble en estos diez años, produciéndose el 67% aproximadamente de este aumento en la segunda mitad de la década.

Los datos de la Tabla 2.9 señalan el predominio de los embutidos preenvasados con una cuota de mercado del 84,2%, mientras que existe un descenso en la compra de embutidos a granel. Los supermercados con embutidos preenvasados parecen tener una ventaja creciente sobre las carnicerías. Los supermercados ofrecen una mayor oportunidad de compra para muchas personas por razones socioeconómicas, ejerciendo de este modo una fuerte presión sobre el mercado cárnico.

---

* *N. del T.*: masa de hojaldre con una salchicha en su interior.

Tabla 2.1 Cuotas de venta al por menor, en 1992, según los tipos de receta.

	Toneladas	*%*
Cerdo	56.931	41,2
Cerdo y vaca	62.316	45,1
Vaca	8.064	5,8
Otros	10.912	7,9
Total	138.223	100,0

Fuente: adaptado de AGB según la publicación de MLC, *Meat Demand Trends* (1993).

Tabla 2.2 Estimación de gastos domésticos en embutidos.

	1993	*1994*	*1995*	*1996*	*1997*	*1998*
	Millones de libras esterlinas					
Embutidos de cerdo (sin cocer)	289	283	307	389	418	392
Embutidos de vaca (sin cocer)	146	141	141	114	99	87
Sausage roll, listos para consumo	43	55	59	71	66	72

Fuente: adaptado de MLC National Foods Survey Data, *Meat Demand Trends*, diciembre 2000.

Tabla 2.3 Estimación del consumo doméstico de embutidos.

	1993	*1994*	*1995*	*1996*	*1997*	*1998*
	Miles de toneladas					
Embutidos de cerdo (sin cocer)	112	111	121	146	152	146
Embutidos de vaca (sin cocer)	72	75	70	50	45	41
Sausage roll, listos para consumo	14	19	19	23	22	24

Fuente: MLC, basado en el National Foods Survey Data, *Meat Demand Trends*, diciembre 2000.

Tabla 2.4 Precio de venta al por menor de embutidos en Inglaterra y Gales.

	1999		*2000*											*Cambio (%)*
	Nov.	*Dic.*	*Ener.*	*Feb.*	*Mar.*	*Abr*	*May.*	*Jun.*	*Jul.*	*Ag.*	*Set.*	*Oct.*	*Nov.*	*Nov. 00/99*
	Penique por kg													
Embutidos de cerdo de máxima calidad	367	369	367	372	373	368	363	365	369	369	369	369	370	–0,8

Fuente: MLC, *Meat Demand Trends*, diciembre 2000.

Tabla 2.5 Cambios en las compras domésticas de embutidos (según el precio).

	1996	*1997*	*1998*	*1999*
	Cambio porcentual sobre el mismo período de un año			
Embutidos	–9,9	+4,3	–5,1	+4,9
De los cuales:				
Vaca	–39,1	–9,8	–13,2	+1,6
Cerdo	–33,7	+9,2	–0,1	+8,9

Fuente: Taylor Nelson Sofres, según publica el MLC en *Meat Demand Trends*, diciembre 2000.

Tabla 2.6 Perfil de compras domésticas de embutidos (según el volumen).

	1996	*1997*	*1998*	*1999*	*2000*
	Porcentaje				
Embutidos	100,0	100,0	100,0	100,0	100,0
De los cuales:					
Vaca	1,7	1,5	1,3	1,3	1,2
Cerdo	69,1	72,1	73,3	77,0	77,4

Fuente: Taylor Nelson Sofres, según publica el MLC en *Meat Demand Trends*, diciembre 2000.

Tabla 2.7 Tendencias en el consumo al por menor.

	1988	*1993*	*1998*
	Peso del producto en miles de toneladas		
Embutidos de cerdo	96	112	146
Embutidos de vaca	113	72	41
Sausages rolls	11	14	24

Fuente: MLC, National Foods Survey Data, *Meat Demand Trends*, National, diciembre 2000

Tabla 2.8 Tendencias en el gasto en embutidos al por menor.

	1988	*1993*	*1998*
	Peso del producto en miles de toneladas		
Embutidos de cerdo	96	112	146
Embutidos de vaca	113	72	41
Sausages rolls	11	14	24

Fuente: MLC, National Foods Survey Data, *Meat Demand Trends*, National, diciembre 2000.

Tabla 2.9 Compras de embutidos a granel y envasados.

	Compras		*Gastos*	
	1995	*1998*	*1995*	*1998*
	Porcentaje		*Porcentaje*	
A granel	20,5	15,8	23,7	18,4
Preenvasado	79,5	84,2	76,3	81,6
Total	100,0	100,0	100,0	100,0

Fuente: Taylor Nelson Sofres, según publica el MLC en *Meat Demand Trends*, diciembre 2000.

Los modelos de compra de embutidos por los consumidores han estado influidos por las cuestiones de seguridad alimentaria dentro de la industria cárnica, dando lugar a un movimiento sin precedentes hacia los embutidos de primera calidad. Es importante señalar, sin embargo, que los embutidos preenvasados permiten una buena disponibilidad para el etiquetado e información del producto, ofreciendo a los consumidores un amplio rango de elección basado en la información disponible. Con los requisitos de etiquetado sobre el origen de la carne junto a la actual demanda sobre información nutritiva y declaración de ingredientes, los embutidos preenvasados poseen un gran potencial para satisfacer las actuales expectativas de los consumidores.

Existen aún pocos datos sobre variedades especializadas de embutidos, lo que hace difícil estimar la probable futura dirección de estos productos en el mercado del Reino Unido. Sería interesante disponer de nuevos datos en los próximos años con vistas a cuotas de mercado específicas sobre, por ejemplo, embutidos cocidos, en rodajas, vegetales y orgánicos. Con la aparición de nuevos datos sobre diferentes tipos de nuevos productos es seguro un cambio, aunque poco significativo, en la popularidad de los embutidos de cerdo en el mercado de productos cárnicos procesados en el Reino Unido.

CAPÍTULO 3
Formulación del producto

3.1 Información de la receta

La fabricación de embutidos requiere la conjunción de varios ingredientes, en la proporción adecuada, para elaborar un producto no ya con la calidad y seguridad debidas, sino también rentable. Para conseguirlo deben cuantificarse todos los ingredientes necesarios para hacer posible el cálculo del coste y establecer una base para la uniformidad del producto. La clave para conseguir esto es la formulación de la receta. A la hora de formular una receta deben tenerse en cuenta ciertas consideraciones importantes con respecto a:

1 límites y normas composicionales permitidas por las disposiciones sobre productos cárnicos (es importante señalar que los requisitos mínimos legales permiten una amplia flexibilidad en la formulación para conseguir un producto de calidad; algunas partes de la disposición proporcionan una base para el etiquetado inequívoco de los productos)
2 tipo, cantidad y proporción relativa de carne requerida por el cliente
3 precio por unidad de producto
4 tipo, cantidad y proporción relativa de humedad y materia seca

En último término, las recetas deben formularse de manera que satisfagan diferentes objetivos, entre los que se encuentran:

1 requisitos legales y reguladores
2 información para el cálculo del coste
3 control de calidad
4 normas uniformes sobre el producto

Si los cambios en la receta constituyen una práctica común deben contar con un sistema de control fiable que deberá facilitarse a los operadores con programas de producción y ser retirado o cambiado al final de la producción. Las recetas deberán contener, entre otras, la siguiente información:

1 número de la receta y/o nombre del cliente
2 fecha de distribución
3 nombre y firma del distribuidor
4 peso y tamaño del lote
5 contenido cárnico
6 nombre y peso relativo de los ingredientes
7 nombre del producto

Para mantener la confidencialidad, algunos fabricantes prefieren excluir el aspecto «coste» de la receta facilitada a los operarios. Pueden encapsularse y mantenerse en forma laminar para asegurar su durabilidad y facilitar su limpieza una vez utilizadas por los operarios. Es posible el enmohecimiento de las recetas debido a la humedad. Si esto ocurre y es necesario volver a editarla, puede que se requiera una comprobación QA para retirarla.

En un sistema de producción que permita distribuir la receta con el programa de producción diario, puede resultar beneficioso incluir la siguiente información (mínima) en el programa de producción:

1 nombre del cliente
2 nombre del producto
3 número de la receta
4 peso y dimensión del embutido
5 número de lotes que se requieren
6 tipo y tamaño de la tripa
7 código del lote
8 fecha y número de referencia del documento
9 nombre y firma del distribuidor

El resto de este capítulo incluye información de recetas para salchichas de Frankfurt sin piel y embutidos de cerdo de primera calidad, junto con los métodos para el cálculo del contenido cárnico. El texto se ha expuesto de forma que asegure la información detallada de la receta, manteniendo los métodos de cálculo en la misma página para que sean más fáciles de seguir. Esta disposición conlleva que existirán huecos entre algunas secciones.

3.2 Información de la receta de salchichas de Frankfurt sin piel

Materias primas	Composición (%)	Peso (kg)
Recortes de cerdo 80 mv	61,6	154,0
Grasa dorsal	13,4	33,5
Corteza (35% de grasa)	7,0	17,5
Agua	11,0	27,5
Contenido en agentes ligantes	2,05	5,1
almidón de trigo		
proteína de trigo		
sal		
Contenido de la mezcla de aliño	2,25	5,6
sal		
dextrosa		
sacarosa		
vitamina E		
antioxidante (E300)		
especias naturales		
potenciador del flavor (E621)		
Harina fina (farina)	1,20	3,0
Contenido en agentes del curado	1,20	3,0
sal		
nitrito sódico		
nitrato sódico		
Humo líquido	0,20	0,5
Tomate en polvo	0,10	0,3
Contenido en colorantes	Trazas	Trazas
E120, E150c		
Total	100,00	250,0

El tratamiento del color requiere una mezcla de colorantes y agua en la proporción adecuada.

Relación de ingredientes de las salchichas de Frankfurt

Hasta julio de 2003 la relación de ingredientes de la receta anteriormente descrita estaba constituida por los siguientes:

> Carne de cerdo (82%), agua, sal, harina fina (farina), almidón de trigo, proteína de trigo, dextrosa, sacarosa, vitamina E, antioxidante (E300), especias, nitrito sódico, nitrato sódico, flavor a humo, tomate en polvo, potenciador del sabor (E621), colorantes (E120, E150c).

Según las New Meat Regulations de 2003 se aplican las siguientes declaraciones de ingredientes:

> Carne de cerdo (71%), agua, grasa de cerdo, corteza de cerdo, sal, harina fina (farina), almidón de trigo, proteína de trigo, dextrosa, sacarosa, vitamina E, antioxidante (E300), especias, nitrito sódico, nitrato sódico, flavor a humo, tomate en polvo, potenciador del flavor (E621), colorantes (E120, E150c).

Es importante que la declaración de ingredientes se disponga en orden decreciente según la cantidad, de acuerdo con lo requerido por las disposiones.

3.3 Información de la receta de embutidos de cerdo de primera calidad

Materias primas	Composición (%)	Peso (kg)
Recortes de cerdo 80 mv	58,0	145,0
Grasa dorsal	10,0	25,0
Corteza (35% de grasa)	7,0	17,5
Agua	10,2	25,5
Galleta	8,2	20,5
Harina fina (farina)	3,8	9,5
Contenido de la mezcla de aliño	2,5	6,3
sal		
harina de trigo		
estabilizante (E451)		
especias molidas		
aromatizante		
vitamina E		
antioxidante (E300)		
Tomate en polvo	0,3	0,7
Aceite de colza	Trazas	Trazas
Total	100,0	250,0

Relación de ingredientes para los embutidos de cerdo

Antes de la aplicación de las nuevas normas sobre productos cárnicos la relación de ingredientes para la receta anteriormente descrita estaba constituida por:

> Carne de cerdo (75%), agua, galleta, harina fina (farina), sal, harina de trigo, estabilizante (E451), tomate en polvo, especias, aromatizante natural, vitamina E, antioxidante (E300), aceite de colza.

Para comprobar la relación de ingredientes basada en las nuevas normas sobre productos cárnicos (véase la página 26).

Para oscurecer el producto hasta el grado deseado debe incluirse dextrosa. El pardeamiento puede mejorarse prolongando el tiempo entre el rellenado y la cocción.

En la fabricación de embutidos es bien conocida la carne mecánicamente recuperada (CMR), que se utiliza considerablemente en la formulación de un amplio rango de embutidos, especialmente de los productos económicos.

3.4 Nueva disposición sobre la carne

La directiva de la Unión Europea aparecida en julio de 2003 proporciona una nueva definición de la carne con el fin de armonizar dicha definición entre los estados miembros y establecer una declaración cuantitativa de los ingredientes para el etiquetado.

La propuesta actual excluye los ingredientes procedentes de la separación mecánica de la carne que permanecen en el hueso después del deshuesado efectuado con el fin de romper la estructura celular de la carne.

También excluye los músculos esqueléticos de mamíferos y aves, cuyo contenido de grasa y tejido conectivo excede los límites estipulados.

El éxito de la aplicación y del establecimiento de una defensa en lo que se refiere a la directiva, vigente desde julio de 2003, exigirá de antemano una técnica química cuantificable que permita distinguir la carne procedente de los despojos y CMR en productos cárnicos compuestos, así como controlar los parámetros que gobiernan los niveles de grasa y colágeno en la formulación de embutidos.

La nueva definición cárnica de la UE permite un contenido máximo de grasa del 30% en la carne de cerdo, un 25% en el resto de mamíferos y un 15% en aves y conejos, con un contenido máximo de tejido conectivo del 25% en el resto de mamíferos y del 10% en aves y conejos.

Debido a las limitaciones en los niveles debe declararse cualquier exceso de los mismos. La eliminación de despojos, como hígado, riñón y CMR en el cálculo del contenido cárnico, modificaría este contenido en la mayoría de los productos que utilizan estos componentes, permitiendo de esta forma una reformulación. Las implicaciones reales de este cambio en la formulación de embutidos en el Reino Unido son las siguientes:

- disminución de los contenidos cárnicos declarados. Por ejemplo, el 65% actual de carne de cerdo de la receta se reduciría al 42% y en el caso de la carne de cerdo y de vaca, desde el 52% al 32%.
- debido a la variación de la composición en términos de niveles de grasa y tejido conectivo y las restricciones relacionadas con ellas, disminuiría la disponibilidad de cortes de carne en la formulación de la receta.

- las limitaciones se aplicarán a los cortes con niveles elevados de grasa y tejido conectivo, salvo que se hayan declarado por separado.

La British Meat Manufacturer's Association (BMMA) ha establecido una directriz estándar (P006) para evaluar los niveles de tejido conectivo en la formulación de embutidos y los niveles aceptables de corteza de cerdo y otros compuestos de colágeno en los productos cárnicos. Esto supone una herramienta práctica para el cálculo de la relación colágeno/proteína en diferentes cortes de carne. Para ayudar a los miembros a cumplir con la nueva definición cárnica de la UE, la BMMA ha emprendido la aventura, junto con Lawlabs, de simplificar los cálculos pertinentes y proporcionar información detallada para facilitar las recetas y la evaluación del contenido cárnico.

Las dos recetas que se muestran en las páginas 19 y 20 emplean múltiples componentes de carne de cerdo en diferentes proporciones, como es norma en la fabricación de embutidos, para conseguir los porcentajes especificados. Para poder llevar a cabo los cálculos del contenido cárnico resulta crucial conocer la cantidad exacta de magro visual (mv) de cada uno de los componentes cárnicos.

El fabricante de embutidos puede encontrarse con que la mayoría de sus recetas, a la luz de la nueva regulación cárnica, podrían conducir a un contenido cárnico inferior a los permitidos por la disposición sobre pescado y carne, simplemente por la reducción en los niveles de grasa y colágeno, cuyas cifras máximas en los embutidos de cerdo quedan establecidas en el 25 y 30% respectivamente, siendo estas cifras incluso inferiores en otras especies. La mayoría de los productores se enfrentan a dos opciones:

- eliminar de la receta el exceso de grasa y colágeno (reformulación) o
- declarar ambos en la relación de ingredientes (reetiquetado)

Los cálculos a seguir, basados en la receta para carne de cerdo de primera calidad de la página 20, utilizan el formato y la fórmula proporcionadas en las pautas sobre etiquetado y declaración de contenido de carne en productos cárnicos, las Meat Products Regulations 2003 de la Food Standards Agency (FSA). Los valores característicos de proteína, grasa y tejido conectivo utilizados en todos los cálculos que se muestran a continuación se basan igualmente en los datos publicados por la FSA en el mismo documento.

3.5 Cálculos del contenido cárnico: carne magra

(N.B. Estos cálculos están basados en la receta para embutidos de cerdo de primera calidad de la página 20)

	kg	Grasa (kg)	Carne magra (kg)
Recortes magros 80 mv	145,0	39,7	105,3
Grasa	25,0	19,6	5,4
Corteza	17,5	6,1	11,4
Total de ingredientes cárnicos	**187,5**	**65,4**	**122,1**
Agua	25,5		
Galleta	20,5		
Harina fina (farina)	9,5		
Aliño	6,3		
Tomate en polvo	0,7		
Total	250 kg		

Carne magra = carne total – grasa total

= 187,5 – 65,4 = 122,1 kg

3.6 Cálculos del contenido cárnico: tejido conectivo

$$\textbf{Tejido conectivo (\%)} = \frac{\text{colágeno total en los ingredientes cárnicos}}{\text{proteína total en los ingredientes cárnicos}}$$

	Colágeno (%)*	Colágeno en la receta (kg)	Proteína de la carne (%)*	Proteína en la receta (kg)	Tejido conectivo (TC) (%)
Recorte	3,4	4,9	17,0	24,6	
Grasa	3,7	0,9	5,1	1,3	
Corteza	13,20	2,5	22,0	3,8	
		8,3		29,7	27,9

(* Niveles característicos publicados por la FSA, 2002)

Tejido conectivo total = % tejido conectivo × carne magra

$$= \frac{29,7}{100} \times 122,1 = 34,1 \text{ kg}$$

Carne magra, libre de tejido conectivo = Carne magra – tejido conectivo total

= 122,1 – 34,1 = 88 kg

Inclusión de TC permitido:

$$\text{Carne magra libre de tejido conectivo} \times \frac{100}{(100 - \text{límite de TC})}$$

= carne magra con TC permitido

$$= 88 \times \frac{100}{74} = 118,9 \text{ kg}$$

Exceso de TC = Carne magra – carne magra con tejido conectivo permitido

122,1 – 117,3 = 4,8 kg

$$\textbf{\% de exceso de TC} = \frac{\text{Exceso de TC}}{\text{Peso total del producto}} \times 100$$

$$= \frac{4,8}{250} \times 100 = 1,9\%$$

3.7 Cálculos del contenido cárnico: carne permitida

Determinación del exceso de grasa (*límite del 30% para la carne de cerdo*):

$$\textbf{\% de grasa presente} = \frac{\text{grasa total}}{\text{carne total} - \text{exceso de TC}} \times 100$$

$$= \left(\frac{65{,}4}{187{,}5 - 4{,}8}\right) \times 100 = 35{,}8\%$$

Inclusión de grasa permitida y determinación de carne permitida:

$$\textbf{Carne permitida} = \text{Carne magra con TC permitido} \times \frac{100}{100 - \text{límite de grasa}}$$

$$= 117{,}3 \times \frac{100}{70} = 167{,}6 \text{ kg}$$

Cantidad de grasa en exceso = grasa total – (carne permitida – carne magra con TC permitido)

$$= 65{,}4 - (167{,}6 - 117{,}3) = 15{,}1 \text{ kg}$$

$$\textbf{\% de exceso de grasa} = \frac{\text{exceso de grasa}}{\text{peso total del producto}} \times 100$$

$$= \frac{15{,}1}{250} \times 100 = 6{,}04\%$$

Carne permitida = carne magra con TC permitido + grasa total

$$\textbf{Requisito DCI} = \frac{\text{carne permitida}}{\text{peso total del producto}} \times 100$$

$$= \frac{167{,}6}{250} \times 100 = 67\%$$

siendo DCI = Declaración Cuantitativa de Ingredientes

3.8 Utilización de los cálculos del contenido cárnico

Relación de ingredientes

> Carne de cerdo (67%), agua, galleta, grasa de cerdo, harina fina (farina), corteza de cerdo, sal, harina de trigo, estabilizante (trifosfato), tomate en polvo, especias, aromatizantes naturales, vitamina E, antioxidante (E300), aceite de colza.

Debido a la presencia de un exceso de grasa (6%) y de TC (1,9%) en la receta anterior, que no se tiene en cuenta en el contenido cárnico, éste se ha reducido del 75% al 67%, dando lugar al reetiquetado del producto.

Utilizando el mismo formato para el cálculo del contenido cárnico en las recetas de salchichas de Frankfurt sin piel mostrado en la página correspondiente, se ha conseguido un contenido cárnico total del 71% con un exceso de grasa (8,4%) y de TC (2,1%), en lugar del 82% original, que requiere igualmente un reetiquetado.

Un productor que adquiera un stock masivo de etiquetas preimpresas puede verse obligado por problemas medioambientales y factores de costo a reformular las salchichas de Frankfurt sin piel, empleando un 90 mv en lugar del 80 mv original, para conseguir un 82% de carne sin necesidad de reetiquetado. Además del riesgo de pérdida de las características del producto original, la decisión de reformular para mantener un elevado contenido cárnico, conlleva el riesgo de variar la posición del producto en el mercado durante un largo tiempo. Definir la carne como carne muscular y establecer límites analíticos para la grasa y el colágeno no es nuevo en países como Alemania, donde el sistema ya tiene reconocidos estos límites. El cumplimiento de esta nueva definición no se llevará a cabo seguramente sin coste para los productores del Reino Unido y otros países, que pueden verse afectados por los nuevos requisitos. Los obvios beneficios a largo plazo para los interesados aumentarán la competitividad con otros productores europeos.

3.9 Ingredientes y aditivos funcionales en la fabricación de embutidos

3.9.1 Ingredientes húmedos, semisecos y secos

Los embutidos pueden fabricarse con una amplia variedad de igredientes húmedos, semisecos y secos. Los ingredientes cárnicos comprenden, entre otros, grasa de corte de cerdo, recortes de lomo de cerdo, grasa dorsal de cerdo, hígado, carne de venado, corteza y carne de pollo o de pavo recuperada mecánicamente.

Para conseguir la mezcla de aliño según establecen los requisitos, pueden mezclarse en diferentes proporciones un gran número de ingredientes. Entre ellos se encuentran la dextrosa, sal, hierbas, especias, conservantes, trozos de puerro, potenciadores del flavor, antioxidantes, estabilizantes, proteína vegetal hidrolizada, extracto de levadura, perejil, pimienta y aromatizantes (naturales, de idéntica naturaleza o artificiales).

Como agentes ligantes se utilizan diferentes ingredientes secos, como galletas, almidón de patata, harina de trigo, harina fina (farina), harina de maíz, soja y arroz.

La adición de tomate, huevo, leche en polvo, proteína láctea, albaricoque, fresa, cerveza, queso Stilton y diferentes agentes de extensión cárnicos y productos análogos, pueden dar lugar a diferentes flavores y probablemente a la modificación de la textura.

Como agentes de extensión cárnicos y productos análogos se han utilizado productos proteicos, obtenidos de fuentes vegetales como la semilla de soja. Los productos análogos, sustitutivos y los agentes de extensión cárnicos tienen un gran potencial en las opciones de embutidos vegetarianos.

3.9.2 Antioxidantes

Entre los antioxidantes más utilizados en la fabricación de embutidos se encuentra el ácido ascórbico (E300). El objetivo es prolongar la vida útil del producto impidiendo el enranciamiento de la grasa y los cambios de color producidos por la exposición al oxígeno del aire.

3.9.3 Conservantes

Los conservantes se emplean en cantidades muy pequeñas para mantener durante el mayor tiempo posible la seguridad del alimento, impidiendo el crecimiento de los microorganismos causantes de alteraciones e intoxicaciones alimentarias. Los embutidos fabricados sin conservantes tiene una corta vida útil. Algunos conservantes se emplean para impartir y mantener el color del producto. Entre los más comúnmente utilizados se encuentran el E221 y E223. En el Apéndice 1 se muestra una relación de otros conservantes.

3.9.4 Potenciadores del flavor

Los potenciadores del flavor refuerzan el flavor inherente al producto por su efecto sobre las papilas del gusto. Entre los más empleados en la fabricación de embutidos se encuentra el glutamato monosódico (E261). Debido a la inquietud de los consumidores el uso del E261 ha disminuido su popularidad.

3.9.5 Aromatizantes, especias y extractos de hierbas

Los avances en el desarrollo de productos han permitido utilizar en la fabricación de embutidos diversas especias y extractos de hierbas para potenciar el flavor o como agentes aromatizantes. Entre ellos se encuentran la salvia, perejil, cilantro, pimentón, romero, nuez moscada, puerro, albaricoque, arándano agrio, tomate, queso Stilton, cebollas y menta. Se envasan, por separado o como mezcla de aliño en la proporción adecuada, y el lote se lleva al punto de mezcla. La fabricación de embutidos ha sufrido una diversificación en lo que se refiere a los ingredientes naturales y extracto preferidos por los clientes, lo cual a su vez ha conducido al desarrollo de nuevos productos. Este interés es inseparable del interés de los consumidores sobre los ingredientes E-numerados que actualmente presentan los alimentos.

3.9.6 Sal

En la fabricación de embutidos se ha utilizado convenientemente la capacidad de la sal para potenciar el flavor, la conservación, absorción de agua, solubilización de la proteína y la capacidad de retención de la carne. La sal se añade en forma de ClNa, en una concentración aproximada del 0,5%, bien directamente o formando parte de la mezcla de aliño que puede estar envasada en lotes. Es importante tener en cuenta en la formulación de la receta que la concentración de sodio en el producto final se verá enormemente influida por la sal directamente añadida en el momento de la mezcla y la procedente de otros ingredientes como galletas, agentes ligantes, componentes del curado y mezcla de aliño. Si los productos requieren concentraciones bajas de sal y de sodio, será razonable calcular la cantidad de sal que van a aportar los diferentes ingredientes antes de decidir la cantidad de sal que debe añadirse. Algunos clientes prefieren bajos contenidos de sal en el momento de formular un nuevo producto, existiendo una constante expansión en la línea de elaboración de este tipo de productos. Esto conlleva un estrecho ajuste de otros aditivos para conseguir la funcionalidad deseada con menos sal.

3.9.7 Emulsificantes y estabilizantes

Los emulsificantes y estabilizantes potencian la íntima unión del aceite, grasa y agua en la mezcla. Entre los estabilizantes más comúnmente utilizados en la fabricación de embutidos se encuentran los difosfatos (E450) y trifosfatos (E451).

Los fosfatos potencian la funcionalidad de la sal y de los antioxidantes en la fabricación de embutidos.

3.9.8 Agentes ligantes no cárnicos

En las recetas elaboradas con un elevado contenido de grasa y una baja concentración de carne magra no siempre se consigue fácilmente la formación de exudado. Lo que sí es fácil de conseguir, a través de la receta, es la inclusión de otros ingredientes no cárnicos capaces producir o potenciar la unión de los ingredientes mediante el calor. Entre ellos se encuentran la leche en polvo, proteína de soja aislada, clara de huevo, almidones y suero en polvo. Por supuesto, se requieren niveles funcionales recomendados en la inclusión de estos agente ligantes, ya que no contabilizan en la receta como componentes cárnicos.

Capítulo 4
Fases de la producción

4.1 Obtención de la materia prima

El embutido es un producto resultante de la unión de ingredientes apropiados, en la proporción adecuada, junto con un diseño estructurado y un proceso controlado (véase la Figura 4.1). La calidad del producto, por tanto, será casi siempre un reflejo del estado de la materia prima y del proceso. Si el proceso se ha diseñado, desarrollado, acreditado, ejecutado y supervisado cuidadosamente, entonces las materias primas deben cumplir las normas para conseguir el nivel de calidad esperado. En la fabricación de embutidos es un hecho bien conocido que un producto de excelente calidad se fabrica a partir de una carne de excelente calidad. Por consiguiente, cualquier materia prima utilizada en la fabricación de embutidos debe cumplir con los requisitos de calidad, funcionalidad y un amplio rango de criterios especificados.

Para conseguir la calidad debe verificarse y autorizarse la fuente de materia prima. La aprobación se basa, o debería basarse, en la capacidad para proporcionar el material necesario puntualmente y con la calidad esperada. Debe existir un sistema de autorización de proveedores basado en el cumplimiento de estos criterios especificados. Para evaluar la idoneidad inicial de potenciales proveedores, algunos productores utilizan un cuestionario de preauditoría sobre productos cárnicos e información sobre protección animal (véase Apéndice 2).

Una vez autorizado, el proveedor entra a formar parte de la relación de proveedores autorizados. El registro de rendimiento y una nueva auditoría determinarán, en la mayoría de los casos, el nivel de fiabilidad para proporcionar de forma sistemática un material de calidad. En una buena práctica de fabricación la obtención de materia prima debe restringirse únicamente a las fuentes autorizadas.

Cada una de las materias primas debe tener una especificación. Ésta debe proporcionar información detallada de todos los criterios importantes acerca de la

Obtención de materia prima

Admisión de materia prima

Almacenamiento y preparación de la materia prima

Picado y mezcla en la picadora

Rellenado de las tripas

BAJO RIESGO — Proceso de cocción — BAJO RIESGO

ALTO RIESGO — ALTO RIESGO

Perfil de enfriamiento y congelación

Comprobación del peso

Envasado

Detección de metales

Etiquetado y paletización

Almacenamiento frigorífico y distribución

Figura 4.1 Procesos de producción y envasado de embutidos fritos por inmersión.

materia prima y el servicio que afecten a la calidad del producto. Dicha especificación debe definir los requisitos físicos, químicos y microbiológicos, incluyendo como mínimo, el nivel de tolerancia convenido y las comprobaciones críticas y del control del proceso. Los proveedores deben conocer todos los controles necesarios que se llevarán a cabo, incluidos los parámetros y sus límites. Se recomienda que todas las partes firmen cada una de las especificaciones. La especificación deberá ser tan extensa como lo requiera cada una de las partes. La mayoría de las especificaciones cárnicas conocidas por el autor requieren ensayos inmunológicos aleatorios para confirmar que la carne pertenece exclusivamente a las especies requeridas. Entre la información más importante exigida en una especificación cárnica se encuentran los contenidos visuales magro y graso. Actualmente se considera un requisito que el origen de la carne forme parte integrante del etiquetado.

Debido a la continua inquietud existente en relación con los alimentos, en la que se incluye los diversos orígenes de la carne, se recomienda igualmente que el departamento de gestión adopte una fuente de materia prima consistente y un sistema de autorización altamente flexible y variado.

La fuente y calidad del agua son muy importantes. Ambas deben controlarse y cumplir las normas.

4.2 Admisión de la materia prima

La admisión de la materia prima es un punto de control crítico en la fabricación de embutidos, ya que actua como barrera o fase de filtración, evitando que lleguen al proceso artículos de baja calidad. El encargado de admisión de productos necesita un entrenamiento específico para realizar su trabajo de forma eficaz. Dicho entrenamiento debe incluir la evaluación de parámetros en cada una de las materias primas recibidas, seguida de una acción en caso de no aceptación. Debe existir un procedimiento *in situ* que asegure que los materiales recibidos cumplen la especificación.

Algunos productores, al tiempo que aceptan carne totalmente segura, admiten igualmente la recepción de muestras de forma aleatoria para su análisis microbiológico.

Todos los informes relacionados con el seguimiento deben transferirse a un informe de admisión interno (véanse Apéndices 3, 4 y 5), debiendo asignarse un código de rotación a cada paleta o cada uno de los envases, según el caso. Deben comprobarse los indicios de daños e infestaciones, las condiciones higiénicas y la temperatura del vehículo antes de descargar una entrega. Con objeto de asegurar la conformidad, deben comprobarse puntualmente todos los parámetros especificados (por ej., visuales, analíticos, físicos u organolépticos). Los resultados de los controles de cada producto en particular deben adjuntarse al informe sobre admisión de artículos.

Como base para el rechazo, el control de productos cárnicos debe incluir los siguientes parámetros:

1 presencia de piel, pelos, huesos, cartílago, inspección de manchas, tendones, glándulas, exceso de tejido conectivo y coágulos de sangre.
2 presencia de magulladuras, grasa y porción magra decoloradas, carne pálida, blanda y exudativa (PSE), carne seca, firme y oscura o DFD, manchas, olores desagradables y enranciamiento.
3 cuerpos extraños y atrapamientos de polietileno.
4 cortes mal efectuados, magro visual, quemadura de la congelación y agua libre.

4.3 Preparación y almacenamiento de la materia prima

La preparación y almacenamiento constituyen el terreno en el que una buena práctica de fabricación y la destreza en la gestión interna resultan útiles. Deben especificarse la temperatura y condiciones de almacenamiento de la carne, ya que con frecuencia se recibe en bloques congelados entre –18 y –22°C. La carne se suele almacenar en frigoríficos durante la noche para conseguir, mediante atemperado, una temperatura de –5°C. Para evitar problemas de contaminación cruzada deben diseñarse e identificarse las salas de atemperado para los diferentes tipos de carne.

Con el fin de efectuar la limpieza y la desinfección, las paletas deben situarse en los almacenes a varios centímetros de las paredes, de forma que permitan un fácil acceso.

Los productos no comestibles, la carne y los envases, deben almacenarse por separado para evitar el contacto y la contaminación cruzada. Antes de transferir los materiales a la zona de preparación deben retirarse todos los materiales de envasado. Igualmente deben transferirse los códigos de seguimiento a los formularios del proceso. Algunos productores consideran conveniente proceder al aliño de los lotes de envases en el punto de mezcla. Si esto se lleva a cabo deben controlarse los materiales liberados. En algunas ocasiones, antes de picar la carne y con el objetivo de aumentar el área superficial, se lleva a cabo un picado grosero, una rotura previa o un desmenuzamiento mecánico. En otras ocasiones, para cortar los bloques de carne antes de que pasen a la fase de picado, se emplea una sierra de cintas. En cualquier caso:

- Los ingrediendentes deben ser adecuadamente medidos, de acuerdo con los pesos estipulados en la receta.
- Debe seguirse un procedimiento que evite la mezcla de tipos. Un programa de producción bien planificado debe especificar qué tipo de carne debe encabezar la relación y cuáles le siguen. Por ejemplo, a los embutidos de cerdo deben seguir los embutidos fabricados con carne de cerdo y con carne de pollo recuperada mecánicamente, sin que sea necesaria la limpieza de la maquinaria debido a problemas de cruzamiento, algo que junto a la puesta en circulación debe realizarse en otros casos.

Tras retirar la carne de las cajas y cortarla con la sierra, se pesa y se coloca en recipientes de acero inoxidable (*totebins*). La relación hielo/agua se pesa en un recipiente previamente diseñado. Algunas picadoras pueden medir automáticamente el agua en la mezcla. Los aliños, salvo que se envasen en lotes, deben pesarse en recipientes apropiados y mantenerse hasta el momento de la mezcla.

4.4 Picado

El picado es uno de los procesos clave en la fabricación de embutidos (véase Fig. 4.2). En un plato (*bowl*) que gira lentamente se disponen un conjunto de cuchillas que trituran progresivamente la carne, proporcionándole una consistencia pastosa. En esta fase de picado se mezclan simultáneamente la pasta con otras materias primas. La reducción de tamaño tiene lugar a medida que las cuchillas afiladas giran a aproximadamente 100 r.p.m. Esta fase de la producción es crítica, ya que la calidad y consistencia de los productos pueden variar enormemente según la intensidad del picado.

Picado de la carne magra

↓

Añadir el aliño y el hielo

↓

Añadir la grasa

↓

Añadir las galletas y hielo

↓

Rellenar las tripas

Figura 4.2 Fases del proceso y flujo de materia durante el picado.

Las acciones mecánicas y de masaje producidas en la masa de carne por las cuchillas giratorias durante el corte y mezclado, especialmente en presencia de sal, son capaces de:

- crear una gran área superficial en los ingredientes cárnicos, potenciando la penetración, mezcla e interacción con los ingredientes funcionales como sal, fosfatos y aliños.
- generar una temperatura de picado satisfactoria, entre –1°C y 22°C; la consecución de la temperatura deseada dependerá, en mayor o menor medida, de la duración del picado. Los embutidos de textura grosera se someten a un picado menos severo, y en ocasiones sólo se pican groseramente y se mezclan, mientras que los de textura más fina son picados durante más tiempo, seguido de un embutido en emulsión, como las salchichas de Frankfurt, que hace que puedan romperse fácilmente como consecuencia de una ausencia casi total de tejido fibroso.
- formar exudados exacerbados por la dispersión de la sal y la interacción con carne magra. El exudado es un término generalmente utilizado para referirse a una solución salina y de proteínas solubles en ésta, procedentes de la solubilización de las proteínas y el proceso de extracción. Entre estas proteínas se encuentran las miofibrilares y sarcoplásmicas. Las diferencias entre los distintos tipos de carne, e incluso entre las especies, pueden dar lugar a grandes variaciones en la cantidad de exudado formado. Mientras la carne de cerdo puede ser propensa a la formación de una gran cantidad de exudado, se sabe que, en las mismas condiciones de procesado, la de cordero produce una menor cantidad. En los embutidos que van a ser cortados en rodajas la formación de exudado requiere un excelente control, a fin de conseguir no sólo un nivel de cohesión suficiente, sino también una buena textura post-cocción que facilite el corte de las rodajas y la máxima integridad de las porciones cortadas.

La formación de exudado posibilita la acción de ligar la carne magra con el agua, grasa libre y todo el producto, traduciéndose esto en una retención de agua y grasa, una menor retracción durante la cocción y un aumento del rendimiento de ésta, incluida la cohesividad del producto final.

4.4.1 Cambios físico-químicos durante el picado

Durante el picado tienen lugar diferentes cambios físicos y químicos entre los que destacan el triturado y la reducción de tamaño. Varnam y Sutherland (1995) explican detalladamente la naturaleza física y química de los productos triturados. El triturado es un término ampliamente utilizado en la industria alimentaria y en la fabricación de embutidos, cuyo significado es el uso de la fuerza para conseguir la reducción de tamaño en un sólido. Cuando se trata de un líquido se intercambian los términos homogeneización o emulsificación. Fellows (2000), al tiempo que indica que la reducción de tamaño y emulsificación tienen poco o ningún efecto conservador, señala que se emplean para mejorar la calidad comestible o idoneidad del alimento para un posterior procesado y aumentar la cantidad de productos disponibles. Además, entre los beneficios de la reducción de tamaño, incluye el aumento en la relación entre el área superficial y el volumen de los alimentos, lo que se traduce a su vez en un aumento de la velocidad de desecación, calentamiento o enfriamiento y una mejor eficiencia y velocidad de extracción de componentes solubles.

En la fabricación de embutidos el proceso de triturado tiene lugar en la fase de picado, mientras que el aumento de tamaño ocurre en la fase de rellenado y troceado. Según Acton *et al.* (1982), el triturado debe proporcionar a la carne una concentración salina suficiente para producir la hinchazón de la misma, su unión con el agua y la extracción parcial de la proteína miofibrilar. El objetivo de la secuencia completa de reacciones causadas por el triturado, como destacan estos autores, es la consecución de una baja pérdida de humedad y retracción e impedir la coalescencia de la grasa y su pérdida a través del proceso de fusión. La funcionalidad de la proteína del producto triturado proviene de la capacidad de extracción de sal del componente miofibrilar de la carne.

La relación entre la temperatura de triturado y la estabilidad térmica de los productos ha sido objeto, en el pasado, de una extensa investigación. Los resultados de ésta han sido considerablemente diferentes en lo que se refiere a cuál debe ser la temperatura de triturado aceptable para alcanzar una estabilidad óptima. Lo que es seguro, sin embargo, es que como consecuencia de la rotura de la emulsión y fusión de la grasa ocasionada por el aumento de la temperatura de triturado, tiene lugar una elevada pérdida durante la cocción. La rotura de la emulsión a temperaturas superiores a 18°C y las pérdidas por cocción a temperaturas superiores a 20°C son comúnmente conocidas. Algunos investigadores han confirmado la consecución de la estabilidad óptima de la emulsión con una temperatura de triturado inferior a 18°C. Townsed *et al.* (1971) han señalado que con temperaturas de picado de 18,9 y 29,5°C las pérdidas debidas a la cocción fueron del 11,1 y

40,7% respectivamente, mientras que Brown y Ledward (1987) señalaron pérdidas del 6,5 y 18% con temperaturas similares.

Sin embargo, Brown y Ledward (1987) señalan que la estabilidad de la emulsión no se halla totalmente gobernada por la temperatura de triturado, ya que se encuentran implicados factores interrelacionados. Entre dichos factores se encuentran:

1 tipo de grasa
2 intensidad del triturado
3 proporción de grasa, agua y proteína
4 grado de desnaturalización proteica
5 capacidad de los ingredientes para la unión con el agua y la grasa
6 relación entre proteína miofibrilar y colágeno en la mezcla

4.4.2 Fases del proceso y materias primas empleadas en el mezclado y picado

Deben tomarse precauciones en relación con el orden en que se añaden los ingredientes en la fase de picado. Las salchichas de Frankfurt son productos curados muy finamente triturados, con una gran parte de la grasa en forma libre, lo que permite que la mezcla se consolide en forma estable. En la fabricación de salchichas de Frankfurt se emplea carne magra o carne de pollo recuperada mecánicamente, añadiéndose lentamente los aliños y a continuación los componentes del curado y humo líquido. Posteriormente se añade hielo y se pica a una temperatura aproximada de 8°C, antes de añadir la grasa de cerdo y picar a 14-15°C, aproximadamente. Esta mezcla se deposita seguidamente en los recipientes de acero inoxidable donde permanece hasta el momento del rellenado.

Carne magra

Antes de añadir los aliños y el hielo se pica la carne magra. La sal en el aliño contribuye a extraer las proteínas miofibrilares, potenciando la unión y emulsificación. La acción mecánica en la carne magra y la sal imprimen al producto las propiedades de cohesión, contribuyendo a que las pérdidas de agua y grasa durante la cocción, así como la retracción, sean escasas. El grado de picado es igualmente crítico. Existe una relación entre las pérdidas de agua y grasa y la ruptura de la tripa durante la cocción.

Hielo/agua

Durante el picado, la temperatura del producto puede aumentar muy rápidamente, por lo que para evitarlo se añade hielo o agua fría. Posteriormente, la proteína es igualmente solubilizada por el agua. Sin embargo, la adición de hielo en exceso iría en detrimento de la calidad, ya que parte de él puede permenecer sin fundirse al final del picado, permitiendo:

- la producción de daños en el tejido graso, que se traducen en un aumento de la pérdida de grasa
- pobres propiedades de cohesión de la emulsión y desigual nivel de distribución de sal en el producto final

Adición de grasa

Existe una relación entre la grasa y el flavor del producto final, ya que diferentes tipos de grasas imparten diversos atributos. Se sabe que la grasa dorsal del cerdo tiene un punto de fusión superior a la grasa del epiplón, mientras que la grasa de vacuno es de textura más firme y la de cordero posee un sabor desagradable, especialmente si está fría. La adición de grasa debe realizarse tardíamente para conseguir que el tiempo de picado sea mínimo y reducir el daño de la pared celular. El objetivo es reducir la pérdida de grasa. Además, si se utilizan grasas blandas en vez de grasas duras, la grasa congelada debe descongelarse por completo antes del triturado. Del mismo modo, para reducir el peligro de ruptura de la pared celular, la grasa debe ser picada en presencia de agua.

Adición de galletas

Las galletas, elaboradas en diferentes tamaños con harina de trigo, se cuecen y trituran. Existen galletas con textura grosera, granular, de cabeza de alfiler y extrafina. Las galletas poseen una capacidad de absorción de agua de aproximadamente 3-4 veces su peso, especialmente con un ligero aumento de temperatura. Cuanto mayor sea el área superficial más rápida será la velocidad de absorción de agua. Puesto que su función incluye la absorción de agua «libre» en la receta, es conveniente retrasar lo más posible su adición a la mezcla. Esto impide igualmente una fuerza abrasiva excesiva en el tejido graso antes de que se empape. Si la mezcla se mantiene un tiempo de espera antes del rellenado, la función de las galletas contribuye a la estabilidad y textura de la mezcla. Las alternativas a la utilización de galletas como agente ligante las representan la harina de maíz, harina de trigo, harina fina (farina), soja, huevo, arroz y harina de avena.

4.5 Rellenado al vacío

Después del picado la mezcla se introduce al vacío en tripas naturales o artificiales. Los dos objetivos principales del rellenado de embutidos son conseguir un troceado exacto y la evacuación de las bolsas de aire del producto. La mezcla se conduce desde una tolva de llenado hasta la boquilla mediante una bomba de pistón.

Algunos dispositivos de rellenado son capaces de producir hasta 720 embutidos por minuto con un peso exacto de las porciones. En el mercado existen dispositivos de rellenado capaces de obtener porciones de tan solo 5 g de peso.

La evacuación del aire del producto potencia la estabilidad del color y el efecto visual de los embutidos. Igualmente reduce la oxidación de la grasa, la actividad bacteriana e impide la proteolisis. El rellenado al vacío proporciona una mayor vida útil a los embutidos.

Los embutidos pueden rellenarse para conseguir una consistencia blanda, poco compacta y compacta, dependiendo de las exigencias del productor.

Entre los requisitos críticos en la elección de un dispositivo de rellenado se encuentran la velocidad y la consecución de unas dimensiones óptimas del producto. Igualmente deben controlarse y registrarse en este punto parámetros como las dimensiones y el peso del relleno. Los sistemas modernos actuales emplean la co-extrusión del triturado utilizando pasta de colágeno.

4.5.1 Tripas

Las tripas empleadas en la fabricación de embutidos, también conocidas como pieles, alcanzan su principal significado en el troceado. Se dividen, generalmente, en dos tipos: naturales y artificiales.

Las tripas naturales se obtienen a partir de los intestinos de cerdo y oveja. La mayoría de los productos fabricados con tripas naturales muestran una forma curvada tras el rellenado y la cocción. Con frecuencia, las tripas naturales se enrollan según las unidades requeridas tal como especifica el cliente y se envasan en recipientes apropiados, con una salmuera del 80-100% de concentración o con sal. Las tripas naturales deben almacenarse a temperaturas inferiores a 4,5°C para evitar la contaminación microbiana. La utilización de intestinos animales para obtener tripas de embutidos no es muy popular cuando se trata de producciones elevadas. Entre las limitaciones de una producción automatizada a gran escala que utilize tripas naturales se encuentran los problemas de manipulación, roturas y dificultad de normalización del peso y dimensiones de los embutidos.

Las tripas artificiales se fabrican actualmente con colágeno, celulosa y plásticos, que permiten un amplio campo de aplicaciones. Mediante una serie de acciones mecánicas y químicas, se extrae el colágeno del tejido conectivo de los animales y se destina a la fabricación de tripas. Se ha llevado a cabo un considerable desarrollo en la fabricación de tripas artificiales con el fin de imitar la sensación de masticabilidad que proporcionan las tripas naturales.

Además de conferir la forma requerida al embutido, las tripas también aumentan la vida útil del producto, proporcionando una elevada resistencia frente a la humedad y el oxígeno, con un cierre hermético firme y densidad. Las tripas contribuyen, por tanto, a minimizar las pérdidas de peso del producto durante la cocción.

El tamaño de las tripas para embutidos varía considerablemente. Mientras que algunas poseen un tamaño de sólo 17 mm, otras alcanzan los 38 mm de diámetro y 300 mm de longitud. Entre las principales consideraciones para la elección de la tripa, se encuentran el equilibrio entre una elevada resistencia a la rotura y una fácil disolución en la boca en el momento de ingerir el embutido.

4.6 Cocción

Los embutidos cocidos se han incorporado de forma relativamente reciente al desayuno tradicional británico. La popularidad de este tipo de producto aumenta cada vez más debido a las ventajas añadidas que proporciona en los sectores de los sándwichs y comidas precocinadas.

El diseño de una línea de cocción debe tener en cuenta una barrera física entre las zonas de alto y bajo riesgo, al objeto de evitar contaminaciones cruzadas. Algunos productores utilizan una línea de cocción para delimitar la demarcación necesaria.

En la fabricación de embutidos se utilizan actualmente diversos métodos y programas de cocción. Entre ellos se encuentran la cocción en horno con vapor, el ahumado, la desecación o una combinación de todos ellos y la fritura por inmersión del tocino. Cualquiera que sea el método utilizado debe poseer una característica común, la capacidad de alcanzar la temperatura ambiente y en el centro del producto requeridas. Una cocción eficiente requiere un programa normalizado basado en la temperatura de cocción, el tamaño del producto y el tiempo de residencia. Por ejemplo, con una temperatura del aceite de 160°C, 100 g de embutido deben cocerse hasta alcanzar una temperatura en el centro del producto entre 85-95°C en seis minutos. Es importante señalar que la alteración microbiana de los embutidos cocidos depende, entre otros factores, de la carga microbiana inicial, de la tasa de conservantes y de la temperatura de cocción y almacenamiento. La alteración microbiana de productos ligeramente cocidos (aparte del riesgo de seguridad inherente) podría verse exacerbada por una suave manipulación post-procesado y por abusos durante el almacenamiento.

4.7 Ahumado

La utilización del humo, natural o líquido, para conseguir el flavor y color deseados y los efectos antimicrobianos, antioxidante y conservante, es una práctica común en la fabricación de embutidos. El humo natural se obtiene del uso de la madera (haya, roble, nogal, enebro, etc.), cuyo humo se emplea para impartir un flavor característico al embutido. Se sabe que el humo líquido contiene cientos de compuestos. Hansen (2000), clasificó los principales componentes del humo en tres categorías, fenoles, carbonilos y ácidos, que se encuentran en su mayoría en la fase gaseosa. Posteriormente destacó las siguientes cuatro formas de conseguir un humo uniforme:

1 asegurar que el sistema de aplicación del humo trabaje adecuadamente y con un nivel de calidad constante
2 asegurar unas condiciones uniformes de la superficie del producto antes de aplicar el humo
3 asegurar la presencia o ausencia de humedad sobre la superficie, que es el factor determinante más crítico del color
4 fijación del color inmediatamente tras el ahumado, para evitar el desarrollo de manchas y el veteado de la superficie.

4.8 Pelado

Las salchichas de Frankfurt constituyen el embutido de emulsión más común en el Reino Unido, se venden precocinadas y posteriormente son calentadas por el consumidor. En las salchichas de Frankfurt se emplean con frecuencia tripas de celulosa, que se desprenden tras la cocción y ducha. Los productos se extraen del horno tras la cocción con una temperatura en el centro de los mismos de 85°C, se colocan en remojo posteriormente o se someten a una ducha durante veinte minutos, aproximadamente. Las ristras se llevan generalmente a una peladora para eliminar la piel y se colocan en bandejas para refrigerarlas hasta una temperatura máxima de 5°C. Es importante controlar durante el proceso el tiempo y temperatura (del producto y del ambiente), evitando que el producto permanezca en condiciones ambientales durante un periodo de tiempo excesivamente largo. Un parámetro crítico es el representado por las condiciones higiénicas de la peladora, ya que el pelado supone una manipulación extra del producto. Además, incluso las piezas individuales han de pasar a través de la peladora. Se recomiendan procedimientos internos de limpieza diarios e higienización, con un determinado nivel de concentración, de la peladora antes de su utilización. Es aconsejable, en suma, un visto bueno de la peladora, dado el riesgo microbiológico que plantea. Las salchichas de Frankfurt adecuadamente preparadas dan lugar a un clásico «chasquido» cuando se parten con la mano tras la cocción.

4.9 Envasado, etiquetado y paletización

Los materiales de envasado para embutidos, tanto los principales como secundarios, deben poseer la suficiente calidad como para ofrecer una presentación estructural y visual del producto aceptable para el consumidor. El criterio más importante lo constituye, probablemente, el que los materiales de envasado sean capaces de constituir una barrera frente al maltrato físico, contaminación y daños al producto.

Debe prestarse atención a la selección de los materiales de envasado, principales y secundarios, asegurándose que son de calidad adecuada y que al entrar en contacto con el alimento no portan o transfieren contaminantes. Algunos fabricantes, proveedores de los sectores de *catering* y servicios alimentarios, utilizan recubrimientos azules como envase principal para los embutidos cocidos congelados, mientras que como envase secundario emplean el cartón corrugado. Para prolongar la vida útil de las saveloys, salchichas de Frankfurt y embutidos cocidos en rodajas, se emplea el envasado a vacío, cuya popularidad de uso se está ampliando a los productos cocidos, refrigerados y congelados. De hecho, el envasado a vacío de embutidos en rodajas es ideal para los sectores de sándwichs y productos cárnicos, siempre que los envases se hagan pasar a través de una unidad de esterilización o higienización antes de utilizarlos en el proceso. En algunas operaciones se usan bandejas de plástico termoselladas resistentes a la manipulación para envasar embutidos frescos con un determinado peso, colocándolos seguidamente en envases de cartón.

Diferentes productores han utilizado con éxito en embutidos congelados, cocidos y sin cocer, envases de cartón preimpresos revestidos con cera, con separaciones entre las capas. Es importante conseguir y mantener la uniformidad de todos los parámetros señalados en aquellos métodos y materiales que cumplan las especificaciones.

La integridad y resistencia del cartón pueden verse afectadas por la humedad debido a un almacenamiento inadecuado. El plegamiento del cartón en las paletas es un fenómeno muy común, no sólo en la fabricación de embutidos sino en el conjunto de la industria alimentaria. La elección de un cartón con una resistencia e integridad adecuadas se basa en la cantidad y tipos de productos, así como en las actividades de distribución. Deben reforzarse los cuatro ángulos de las paletas, rellenar las tripas por completo y llevar a cabo un enérgico envasado retráctil de las paletas.

La gestión de un buen envasado, aun cuando no existe una operación clave para el fabricante de embutidos, así como una buena práctica de gestión interna, requiere un almacenamiento de los materiales en condiciones adecuadas de humedad y sin la presencia de insectos, rotación del stock y utilización de un material acorde con lo especificado para el producto. Algunos fabricantes han hecho suya la práctica de incluir detalles del envasado en las instrucciones de producción y programas de envasado en cada cambio. La comprobación QA debe incluir el control y supervisión de los materiales de envasado así como las instrucciones.

A continuación se indica un breve manual de instrucciones de envasado de salchichas de Frankfurt para un operario a pequeña escala:

1 Envasar 50 salchichas refrigeradas, de acuerdo con la especificación, empleando separaciones entre las capas.
2 Si es necesario envasar al vacío se colocan 15 salchichas en una bolsa transparente y se lleva a la unidad de envasado al vacío.

3 Registrar aleatoriamente, cada 30 minutos, el peso de tres cajas.
4 Precintar (empleando cinta adhesiva azul codificada), pegar la etiqueta y pasar cada caja a través del detector de metales. Si se produce algún rechazo por parte del detector debe informarse al QA y al supervisor inmediatamente.
5 Utilizar varillas de ensayo de Fe y material no ferroso, de 2,5 mm y de S/S de 3,5 mm, cada 30 minutos, para comprobar el detector de metales. Apilar sobre los estantes móviles de acero inoxidable y someter a congelación forzada.
6 Congelar a –18°C y distribuir en las paletas el número de cajas requerido.
7 Almacenar a –23°C hasta su distribución.

Los pequeños operarios consideran conveniente apilar sus productos manualmente, lo cual de alguna forma supone adoptar un compromiso con requisitos contradictorios. El envasado manual de embutidos, aunque requiere una mayor inspección visual y el rechazo de productos inadecuados, maximiza a su vez la manipulación, lo que supone el riesgo de contaminaciones cruzadas en el producto. Si se realiza el envasado manual, debe establecerse el control del tiempo y temperatura y la supervisión. Los productos no deben mantenerse más de 30 minutos en condiciones ambientales. La temperatura de la zona de envasado no debe superar los 10°C.

Los operarios y supervisores del envasado necesitan entrenamiento, herramientas y un buen ambiente de trabajo, que hagan posible llevar a cabo su trabajo de forma eficiente, ya que se encuentran en la fase final, antes de que el producto abandone la fábrica y sea dirigido al cliente. Los componentes del entrenamiento deben abarcar detalles sobre los materiales de envasado, dimensiones y parámetros visuales del producto. Los operarios de sistemas automáticos de pesado y congelación deben asegurarse de poder llevar a cabo la comprobación visual y limpieza durante el cambio de línea, para evitar un producto inadecuado. Los nuevos diseños de líneas de envasado permiten crear un espacio para una cinta transportadora, entre un cocedor continuo y los túneles de congelación criogénica, en donde se lleva a cabo una inspección previa, así como un espacio entre el túnel y el dispositivo automático de comprobación de peso, de forma que se pueda realizar un control visual antes de que los productos sean precintados en las cajas.

La documentación sobre los parámetros operativos y de calidad durante el envasado proporciona una excelente base para el seguimiento y cumplimiento de las exigencias legales.

Las etiquetas colocadas en los envases y en el exterior de las cajas deben proporcionar toda la información básica, como mínimo la exigida por las normas. Actualmente, la producción de embutidos contempla los requisitos de etiquetado referentes al origen de la carne y algunos proveedores de carne cumplen con este requisito. Debe controlarse la información de la etiqueta, para asegurar que satisface sin ambiguedades la Declaración Cuantitativa de Ingredientes (DCI). Algunos productores llevan a cabo la impresión de etiquetas por medio de un sistema interno, con el que se minimizan las pérdidas cuando se hace necesario cambiar la información de la etiqueta. Otros creen necesario concentrar la máxima responsabilidad en el proceso de fabricación de embutidos, por lo que no intervienen en el diseño e impresión de la etiqueta. Cualquiera que sea el sistema adoptado, es importante que la información de la etiqueta sea lo suficientemente completa para poder llevar a cabo un seguimiento efectivo del producto. La información mínima que debe aparecer en la etiqueta contempla la declaración de ingredientes (incluido el porcentaje de contenido cárnico), código del lote, fecha de consumo preferente, nombre del producto, dirección y número de planta EC y peso del producto.

4.10 Detección de metales

El sistema de detección de metales debe ser sensible a metales «ferrosos», «no ferrosos» y de acero inoxidable, cosa que debe especificarse. Todos los productos deben pasar a través de un detector de metales adecuado en el punto de aislamiento de una posible contaminación posterior. Cualquier envase que no supere el primer paso debe aislarse y someterse a una nueva comprobación. Todos los envases que no superen la detección de metales deben ser analizados por el departamento de QA para determinar la razón de su fallo.

4.11 Almacenamiento frigorífico y distribución

El deseo de los productores es que sus productos lleguen a los destinatarios en el momento oportuno, sin ningún detrimento físico o de temperatura. Con vistas al seguimiento, muchos fabricantes especifican cartas de registro de temperatura durante 24 horas y un sistema de rastreo, como requisito principal para seleccionar el transporte y distribución de sus productos. El registro de temperatura se completa al dejar el envío en el punto de destino, comprobando un posible fallo de la temperatura.

Capítulo 5
Gestión de la calidad y seguridad de los embutidos

Los consumidores de todo el mundo están cada vez más interesados en conocer no sólo por qué se halla constituido su alimento, sino también el origen de estos ingredientes. Quieren ser conscientes de los conceptos y principios razonados empleados como una forma de garantizar la seguridad del alimento y evitar riesgos. Este interés por la calidad y seguridad se puede considerar auténtico y bien fundamentado, si se tiene en cuenta la serie de recientes amenazas a la seguridad alimentaria: salmonella, BSE, dioxina, *E. coli,* reacciones alérgicas y un sinfín de aspectos relacionados con la seguridad de los alimentos a los que se enfrenta la industria alimentaria.

El efecto de la crisis de la seguridad alimentaria es una reacción en cadena que frecuentemente comienza y acaba en los consumidores. Su confianza en un producto disminuye, los precios de las fuentes de ingredientes alternativas aumentan, afectando en último término al precio del producto final; el sector afectado puede llegar a estancarse y, en algunos casos, se exige al gobierno que subsidie a los productores más afectados.

Los aspectos de seguridad justifican un estricto sistema de seguimiento de la materia prima. Esta exigencia supone otro reto para los fabricantes de embutidos, quienes deben acordar, a escala comunitaria, medidas de gestión de la BSE, que exigen la eliminación de la cadena alimentaria de los animales más viejos, a menos que se haya comprobado su situación, y la prohibición del uso de proteína animal en la alimentación del ganado. A esto debe añadirse el requisito de que en la etiqueta figure el origen de la carne.

Las cuestiones anteriores destacan el significado de un sólido Análisis de Peligros y Puntos de Control Críticos (APPCC) y los sistemas de gestión de calidad, que se hallan en continuo desarrollo para abordar junto con los consumidores nuevas expectativas y retos en relación con la seguridad.

5.1 Gestión de la calidad de los embutidos

Probablemente sea ahora más importante que nunca adoptar medidas más rigurosas a la hora de seleccionar las personas más competentes y cualificadas con responsabilidades técnicas y en el QA. Un sistema de QA efectivo requiere excelentes aptitudes interpersonales y un adecuado criterio del personal QA para conseguir un equilibrio entre la firmeza en la consecución del trabajo más eficaz y el asegurar que los trabajadores permanezcan comprometidos y motivados.

Frente al aparente excesivo entusiasmo de parte del equipo de gestión y producción, parece como si existiera una cierta apatía en el equipo de QA, que parece siempre más interesado en la calidad que en la fabricación en serie. Cualquier fabricante de embutidos con una actitud equilibrada entre las exigencias del QA y los objetivos de producción probablemente sobrevivirá a los continuos retos que la industria plantea por todos lados. Desarrollar un sistema de QA con éxito supone que cada miembro del equipo reconozca el apoyo de la gerencia y de la dirección. La dirección debe dirigir cualquier iniciativa QA, y se considerará fundamental en cada una de las operaciones de la empresa, ya que ninguna de tales iniciativas puede apenas tener éxito sin un compromiso a alto nivel. Si los aspectos de calidad se consideran parte fundamental en las cuestiones comerciales de la empresa, rápidamente se convierten en una cultura dentro del funcionamiento diario de la misma. Ello debe hacer, por consiguiente, que se tomen en serio las instrucciones del QA y el procedimiento de trabajo. Quizás sería necesario ocupar al equipo de producción en un desarrollo profesional continuo, para que de esta forma pudieran apreciar el trabajo de QA y comprender lo que realmente significa. Esto ayudaría a mantener normas sencillas de higiene, como el lavado de manos e higienización. Un buen sistema de calidad sólo funcionará si aplica cada uno de los puntos que se citan a continuación.

Es importante tener en cuenta que la innovación técnica conduce a la innovación comercial y viceversa. Es necesario repetir que las empresas alimentarias dinámicas y que tienen sus perspectivas de futuro en una industria cada vez más competitiva, pueden obtener importantes beneficios a partir del nivel de innovación que el personal técnico, el DNP y el QA puedan ofrecer conjuntamente:

1 Proporcionan y utilizan información vital que puede determinar la orientación que la empresa pueda seguir.
2 Trasladan las expectativas de los consumidores al producto y el servicio que ofrecen produce ilusión y satisfacción desde el punto de vista sensorial.
3 Aportan el verdadero grado de cumplimiento que una empresa requiere para penetrar y permanecer en nuevas áreas comerciales con confianza, así como el marco técnico y legal en el que ha de situarse el campo de la producción de alimentos.

Tiene más sentido económico y comercial producir una paleta o dos de embutidos satisfactorios para el cliente que producir siete paletas que se devuelven debido a la presencia de listeria o por modificaciones del color. Sin embargo, ¿por qué las empresas cometen siempre el mismo error? ¿por qué se devuelven los productos a causa de la presencia de cuerpos extraños, roturas de la piel, temperatura, recuento de viables totales (RVT) excesivamente elevado, extrusión excesiva, bajo recuento, poco peso, pequeño tamaño, núcleo rosado o código incorrecto? La mayoría de los problemas están relacionados con el sacrificio de la calidad para conseguir volumen. Cualquier operación que desarrolle el concepto de volumen a expensas de la calidad, en un ambiente alimentario competitivo, está contribuyendo a su aislamiento comercial más rápidamente de lo que lo harían sus competidores.

La calidad puede costar mucho dinero si no se aplica de forma rigurosa. Como el personal técnico o de QA no puede planificar la calidad en un producto acabado en la paleta, resulta imprescindible que el diseño de un programa y sistema de calidad incluya los aspectos relativos a la misma en cada fase del proceso de producción. La producción de embutidos es una parte esencial de la cadena de producción de alimentos, como se muestra en la Figura 5.1.

La contaminación de los embutidos por presencia de cuerpos extraños o por microorganismos perturbadores estaría ocasionada por uno o un conjunto de los siguientes supuestos:

1 contaminación de la fuente de agua
2 carga microbiana de la carne y cuerpos extraños presentes en ella
3 microoorganismos y cuerpos extraños presentes en los ingredientes secos
4 contaminación de los ingredientes durante el almacenamiento
5 diversos factores que contribuyen a la contaminación durante el proceso
6 contaminación durante la distribución

Un sistema de producción y un diseño de proceso defectuosos empeoraría la situación. Algunos de estos problemas pueden ser transmitidos por los sectores de

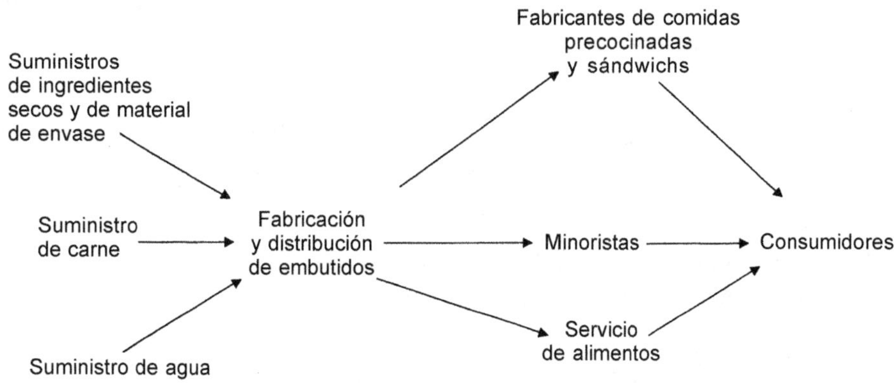

Figura 5.1 Interrelación de fases en la fabricación de embutidos.

fabricantes de comidas, minoristas o servicio de alimentos, hasta que llegan a los consumidores que, en último lugar, pagan el precio.

Un buen sistema de gestión de calidad debe incorporar controles y sistemas de seguimiento para detectar y prevenir peligros relacionados con la seguridad alimentaria. Chan (2000) recomienda la adopción de APPCC y el concepto de una Buena Práctica de Fabricación (BPF) en la fabricación, diseño, puesta en práctica y supervisión, y la evaluación en curso de dichas prácticas para conseguir el objetivo de seguridad alimentaria. Señala además seis objetivos que la adopción de una BPF puede conseguir:

1 adhesión a una norma general de fabricación
2 cumplimiento de las especificaciones propuestas para los productos
3 promoción de los productos que cumplen la especificación propuesta
4 mantenimiento de la integridad de los productos elaborados
5 mantenimiento de la integridad del fabricante
6 prevención de niveles de residuos no permitidos

1.1.1 Calidad de los embutidos

¿Qué es un embutido de calidad? El esfuerzo de toda la vida de un cliente. Cuando se entregan artículos y/o se realizan servicios podemos decir, de forma inmediata, si quedamos o no satisfechos. Es la satisfacción lo que caracteriza la expectativa de calidad de un cliente y viceversa. Puesto que esta expectativa puede variar enormemente de una persona a otra, dependiendo de su posición en la cadena de producción y consumo, resulta más difícil definir la calidad que explicarla. Un fabricante de comidas que utilice embutidos como componente de las mismas, podrá aceptar un color claro para un embutido de calidad, mientras otros adquirirán uno de color más oscuro como de primera calidad. Si se examina un buen libro sobre «calidad», sin tener en cuenta a qué producto o servicio hace referencia, muy probablemente encontraremos diversos términos como los siguientes que intentan explicar la calidad: excelencia, conformidad, fiabilidad, satisfacción, uniformidad y exigencias del cliente. La BS 4778: parte 2 (1991) e ISO 8402 dan las siguientes definiciones de calidad y conceptos afines:

Calidad

Conjunto de características de un producto o servicio relacionadas con su capacidad para satisfacer las necesidades establecidas o implícitas.

Política de calidad

Proyectos globales de calidad y dirección de una organización referentes a la calidad, oficialmente expresada por la gerencia.

Gestión de calidad

Aquel aspecto de la función de gestión global que determina y pone en práctica la política de calidad.

Garantía de calidad

Todas aquellas acciones, sistemáticas y planificadas, necesarias para proporcionar la adecuada confianza en que un producto o servicio satisfarán los requisitos de calidad.

Control de calidad

Técnicas y actividades operativas empleadas para cumplir los requisitos de calidad.

Sistema de calidad

Estructura organizativa, responsabilidades, procedimientos, procesos y fuentes para la puesta en práctica de la gestión de calidad.

Plan de calidad

Documento en el que se proponen las prácticas de calidad, fuentes y secuencia de actividades pertinentes para un determinado producto, servicio, contrato o proyecto.

Auditoría de calidad

Examen sistemático e independiente que determina si las actividades de calidad y los resultados afines cumplen los planes previstos y si estos planes se cumplen eficazmente y son adecuados para alcanzar los objetivos.

Revisión del sistema de calidad

Evaluación oficial llevada a cabo por la gerencia sobre el estado y adecuación del sistema de calidad en relación con la política de calidad y nuevos objetivos, consecuencia de circunstancias variables.

5.1.2 Especificaciones de la materia prima, proceso y producto

El objetivo final de cualquier fabricante de embutidos es, o debería ser, la entrega a los clientes de productos con una uniformidad y calidad garantizadas. Como consecuencia de la confianza y fiabilidad durante un período de relaciones comerciales, tiene lugar un buen rendimiento económico. Para conseguir este objetivo son necesarias especificaciones de la materia prima, del proceso y del producto, entre otros factores. Es bien conocido el hecho de que la calidad de la materia prima tiene el consiguiente efecto sobre la calidad del producto acabado. Por consiguiente, en relación con el origen de la carne se deben tener en cuenta algunas consideraciones sobre el estado del animal en el momento del sacrificio, para asegurar que se encuentra:

1 libre de enfermedades (salud)
2 libre de estrés (protección)
3 limpio (higiene)

El estrés anterior al sacrificio puede afectar a la vida útil, textura, flavor y color de la carne.

Entre los parámetros más importantes que deben controlarse, una vez sacrificado el animal, se encuentran los dos siguientes:

- condiciones del producto y temperatura ambiental
- estado microbiano de la superficie de la carne

Estos parámetros podrían ser controlados de una manera eficaz minimizando la manipulación y maximizando los controles relacionados con el tiempo de procesado y ambiente del producto.

5.1.3 Diseño y mantenimiento del sistema de calidad

Actualmente, los propios comerciantes de alimentos adquieren cada vez más responsabilidades sobre la calidad y seguridad de sus productos, garantizando una gran cantidad de auditorías e inspecciones de las plantas de alimentos por parte de minoristas, inspectores de sanidad ambiental y clientes en general. Este aumento del nivel de responsabilidad probablemente da lugar a un aumento del interés de los consumidores, no sólo sobre la constitución de sus alimentos, sino también acerca del origen y manipulación de los mismos. Este interés del consumidor se traslada al comercio de alimentos mediante los minoristas y a través de las normas y directivas gubernamentales. Al aumentar las expectativas sobre calidad y seguridad, la responsabilidad ha recaído en el comercio de alimentos, exigiendo sistemas alimentarios sólidos y satisfactorios que cumplan las expectativas de los interesados. Cualquier sistema alimentario sólido y satisfactorio debe estar basado en una norma reconocida. Algunos fabricantes de embutidos no sólo utilizan equipos de vanguardia para garantizar la calidad y seguridad, sino también controles de gestión agresivos y rigurosos en cada fase de las operaciones de fabricación y cadena de suministro. Otros consideran actualmente el impacto del diseño estructural, la naturaleza del material, controles sobre la calidad del aire y cuerpos extraños, mantenimiento interno, flujo de producto y seguridad. Muchos fabricantes experimentados, siendo conscientes de las interrupciones que un elevado número de auditorías puede ocasionar en sus planes de producción, son partidarios de establecer un sistema que siga una serie de principios dentro de las normas reconocidas en la industria, con el objetivo de reducir las visitas y que a su vez, contemple recomendaciones para reducir al mínimo las auditorías contradictorias.

Auditorías

La mención de la palabra «auditoría» en la planta de fabricación de alimentos da lugar a diferentes respuestas, dependiendo de la responsabilidad de la persona en la planta. Hasta ahora, la forma objetiva mejor conocida de establecer la conformidad e idoneidad de un sistema con este fin es la auditoría. Por medio de las auditorías se puede alcanzar la confianza, sabiendo que no sólo se han establecido los requisitos estatutarios, sino que también el sistema y el comportamiento del producto son los adecuados y cumplen lo especificado. Lejos de carecer de sentido, de ser una práctica que consume tiempo, las auditorías son positivas, constituyen un ejercicio de progreso, tanto para la empresa alimentaria como para el cliente. Un proceso de evaluación bien diseñado, que consiga la cooperación de todas las partes, puede identificar y eliminar prácticas innecesarias en el proceso, así como estimular pensamientos y procedimientos rentables. En los siguientes sistemas y auditorías técnicas se tienen en cuenta las tecnologías de nuevos procesos recomendadas, los cambios realizados y el perfeccionamiento global del sistema. Existen muchos tipos diferentes de auditorías, aunque las principales son las siguientes:

Externa. La auditoría externa se denomina con frecuencia auditoría del proveedor. Según Dix (2001), la auditoría contemplada en esta categoría podría además englobar las dos siguientes:

1 Rutinaria
   - autorización de un nuevo proveedor
   - comprobación regular por parte de un proveedor habitual, que asegure una confianza continua en un sistema de gestión de calidad previamente aprobado. Se describe usualmente como auditoría de «diligencia de cumplimiento» y se lleva a cabo por el minorista o su agente.

2 No rutinaria, por las siguientes razones:
   - interrupción grave de provisiones
   - reconocida variabilidad en la calidad del producto
   - numerosas reclamaciones del cliente
   - denuncia de una tendencia microbiológica adversa
   - informes desfavorables de medios de comunicación
   - advertencias anónimas
   - retirada del producto

El requisito clave en este tipo de auditoría es la existencia de un sistema documentado en forma de manual de un sistema de calidad, como el APPCC empleado en un sistema de seguridad alimentaria. Además de la existencia de procedimientos sobre tipos de controles y supervisión, incluidos métodos y frecuencia, un fabricante de embutidos debe esperar del auditor la demostración de que los procedimientos documentados se trasladan a la práctica real de trabajo y que los informes de estas actividades se conservan con el fin de una «diligencia de cumplimiento». En Dix (2001), se muestra una lista de control para este tipo de auditoría.

Las auditorías del proveedor pueden ir más allá de la demostración de conformidad con los códigos de práctica y directrices relacionados con la calidad y seguridad, hasta abarcar los aspectos éticos, medioambientales, logísticos y la capacidad y experiencia para manipular el volumen esperado o requerido.

Además de los requisitos legales sobre el seguimiento, un cliente consciente de su reputación espera sentirse satisfecho con un proceso auditor en el que el sistema de seguimiento sea capaz de justificar la fuente y cantidad de productos reelaborados, el origen de la carne y otros ingredientes, desde su entrada hasta el envío del producto acabado. El requisito más importante y probablemente más difícil es el seguimiento anterior a la entrada, que hace referencia a la protección animal antes del sacrificio, fecha de la muerte, estado de la planta de sacrificio y corte, y manipulación hasta la cadena de refrigeración, congelación y distribución.

El objetivo de este ejercicio es demostrar la facilidad para retirar todas las unidades afectadas de un producto, en caso de un grave problema sanitario o de calidad.

Auditoría de terceros. La auditoría de terceros se realiza normalmente por un representante del cliente, visitas de funcionarios oficiales como funcionarios de salud ambiental (FSA), un funcionario o agente de normas comerciales, etc., y una tercera persona. Algunas organizaciones definen y establecen sus normas, al tiempo que actúan como terceras personas para auditar estas normas. Una de dichas organizaciones es el European Food Safety Inspection Service (EFSIS), que presenta más de treinta grupos de requisitos a través de un conjunto de áreas como seguridad, estructura de la planta, retirada del producto y gestión de residuos. La autorización se concede de acuerdo con el nivel de conformidad satisfactorio definido por el EFSIS. La frecuencia de la auditoría la determina la naturaleza del comercio y el nivel de riesgo asociado. Por otro lado, la British Meat Manufacturer´s Association (BMMA), establece directrices y códigos de fabricación que incorporan las normas BRC como requisito crítico para la industria cárnica, aunque emplea el servicio auditor del EFSIS para evaluar y verificar las normas de la BMMA.

Cuando se emplea una tercera persona para establecer la conformidad con una norma especificada, resulta vital que todas las partes se familiaricen con los detalles de los requisitos de la norma utilizada. Aunque muchos clientes y minoristas aún confían ampliamente en su equipo auditor, los beneficios obvios al utilizar una auditoría de terceros incluyen el uso eficaz de las fuentes de equipos auditores y el establecimiento y mantenimiento de imparcialidad, calidad y coherencia del proceso auditor (Dillon y Griffith, 2001). Además de estos beneficios, es importante mencionar que muchas pequeñas empresas alimentarias difícilmente pueden permitirse el coste que conlleva una auditoría de sus fuentes materiales, especialmente cuando estas fuentes se localizan fuera del país en el que el producto se fabrica y utiliza. Muchas de estas empresas confían cada vez más en informes de auditorías de terceros.

Dillon y Griffith (2001) atribuyen la expansión de la acreditación de terceros y el estándar técnico BRC, no sólo a la abrumadora y creciente necesidad de los minoristas de tener que emplear un amplio equipo de auditores que abarque su red internacional de proveedores, sino también a la necesidad de resolver frecuentes cuestiones sobre requisitos contradictorios y recomendaciones generadas por diferentes auditores.

Interna. La auditoría interna se realiza en la empresa, para comparar la práctica laboral en curso con los controles estipulados en los procedimientos de trabajo que certifican que el sistema es capaz de permitir la producción uniforme de alimentos seguros y de calidad. Esta es probablemente, la herramienta más potente para verificar la conformidad del sistema y gestionar el control y supervisión de los sistemas de calidad y seguridad alimentaria.

Esta auditoría sería capaz de plantear las cuestiones de antemano y proporcionar los indicadores internos para las auditorías externas. Si la auditoría interna está bien estructurada y se utiliza como una herramienta de gestión para satisfacer las exigencias de los interesados, pueden reducirse las auditorías no rutinarias, cuando no eliminarse por completo. Las auditorías internas pueden poner en duda muchas prácticas al utilizar las tendencias en las reclamaciones y analizar la información para llegar a la raíz de los problemas, con el fin de evitar que se repitan. Por ejemplo, una tendencia creciente sobre la presencia de cuerpos extraños, huesos y cartílagos en los embutidos puede conducir a investigaciones sobre el origen de la carne, gestión interna, troceado, matanza y posiblemente, normas de fileteado. Actualmente, una auditoría interna puede identificar un proveedor concreto, responsable de la introducción del problema de calidad. Este resultado podría redefinir los métodos de inspección de entrada y registrarlos. La investigación de este tipo de problema podría revelar igualmente la calidad de un sistema de seguimiento.

Las auditorías internas pueden descubrir graves problemas de seguridad conducentes a un producto insuficientemente cocido o a un problema de calidad proveniente de un producto excesivamente cocido. La investigación puede llevar, bien al fallo de los controles, ocasionado por los instrumentos de medida o el equipo de cocción, o a la falta de un entrenamiento adecuado del operario. Los auditores internos pueden sentirse realmente satisfechos, al poder llegar a la raíz causante del incumplimiento de las normas de calidad y seguridad, ya que este es el primer paso para restablecer el control y evitar que se repitan los problemas.

Sea el proceso auditor externo, interno o de terceros posibilita o permite establecer la conformidad con un sistema, norma o cliente, mediante el establecimiento y mantenimiento de controles y supervisión eficaz de alimentos. La técnica auditora empleada diferirá dependiendo del tipo, aunque para ser eficaces todas requieren una normalización.

Un buen y progresivo sistema alimentario debe, sin embargo, ofrecer siempre un equilibrio entre las necesidades normativas y de los consumidores y los objetivos de la industria. Si se pueden medir los parámetros que determinan la calidad y uniformidad, se necesitan mecanismos que los controlen para conseguir los objetivos de calidad. En última instancia, los sistemas de control eficaces conducirán a una reducción de costes resultantes de la devolución y rechazo de productos, así como al establecimiento de una cultura que imponga hacer las cosas bien desde el principio. Es importante señalar que la consecución de la calidad lleva consigo un conjunto de ideas, iniciativas y diseños, aunque esto no podría lograrse con una ligera alteración o variación en el proceso. Por consiguiente, para mantener los atributos de calidad y seguridad es necesario el mantenimiento y revisión de los procesos en curso de acuerdo con los requisitos especificados.

Normas. Muchas personas en la industria alimentaria se encuentran familiarizadas con la existencia de diferentes normas, directrices y códigos de práctica con frecuentes requisitos contradictorios, que hacen que un fabricante de embutidos se pregunte qué conjunto de normas serán las más beneficiosas para su empresa.

Aunque no existen respuestas sencillas, es interesante observar que algunas de las más acreditadas han incorporado las normas BRC para aumentar su relevancia y, en la actualidad, muchos fabricantes de embutidos han adoptado normas que contemplan los requisitos normativos y legales anteriormente citados.

Además de las directrices técnicas del British Retail Consortium (BRC), la industria se halla sujeta actualmente a muchas iniciativas y normas de calidad, tales como la EFSIS, BMMA con EFSIS como cuerpo de acreditación y verificación, ISO 9000 (2000), directrices de APPCC y General Principles of Food Hygiene del Codex Alimentarius Commision y las directrices de una Buena Práctica de Fabricación del IFST. En la actualidad, algunos fabricantes establecen sus propias normas para reunir y condensar las normas actualmente en vigor. Aunque las normas tienden a simplificar y conjuntar complejos requisitos normativos y generados por el mercado, relacionados con un determinado tipo de alimento, su establecimiento es bastante difícil y complicado. Por ejemplo, las normas aplicables a la fabricación de embutidos deberían incluir diversas disposiciones sobre composición, higiene, seguridad y etiquetado, incluidos procesos específicos y requisitos de calidad del producto y servicio a los clientes. Las directrices de una BPF podrían utilizarse como parte de una norma interna mínima de una auditoría. Las ventajas de las normas internas es que pueden establecerse para incorporar objetivos de organización. Reconociendo el peligro potencial de normas alimentarias inadecuadas, Dillon (2201), señala las siguientes siete directrices principales a la hora de establecer un tipo de auditoría estándar:

- simplificar los procesos complejos en un modelo fácilmente comprensible
- cooperar con los interesados pertinentes para evitar conflictos en los requisitos sociales y económicos
- proporcionar directrices claras sobre los métodos requeridos y abordar su puesta en práctica

- seleccionar tantas áreas y temas de gran alcance como sean necesarios para asegurar su aplicación
- revisiones y puesta al día habituales, que abarquen nuevos conocimientos, técnicas, disposiciones y requisitos
- determinar la conformidad, estipulando parámetros de control y criterios de supervisión y
- asegurarse de que son legalmente ejecutables

Incluso con las mejores normas es posible perder efectividad a la hora de su aplicación, como consecuencia de la resistencia al cambio, ausencia de compromiso, fuentes limitadas y aumento de las necesidades de entrenamiento (Dillon, 2001).

Cualesquiera que sean las normas, la decisión sobre el diseño del sistema de gestión de calidad que más convenga a un fabricante de embutidos es una prerrogativa suya. Sin embargo, tal decisión debería tener en cuenta la preferencia y percepción de los clientes, además de la experiencia, nuevos conocimientos y desarrollo. Seguramente, la consecución de una certificación satisfactoria para el cliente aumentará la confianza en el compromiso con la calidad por parte del productor.

5.1.4 Parámetros específicos de calidad de los embutidos con piel cocidos

Propiedades organolépticas

Textura. Las expectativas de los clientes sobre la textura son numerosas y variadas e incluyen: una textura grosera uniforme, con un relleno ligeramente resistente. Una buena textura requiere un producto exento de dureza, sin fibras, huesos, fragmentos óseos, piel, cartílago u otro tejido conectivo.

Flavor. En lo que concierne al flavor, las expectativas de los clientes de embutidos elaborados con carne de cerdo sobre las características de éste serían las de una carne fresca de excelente calidad, con hierbas no picantes uniformemente distribuidas (en caso de contemplarse en las recetas). Un flavor de calidad no debería presentar un sabor agrio, a mohos, a levaduras, alterado, rancio, desagradable o contaminado.

Color. El aspecto de los embutidos cocidos es una propiedad sensorial esencial, por medio de la cual los consumidores evalúan la calidad. En los embutidos sin cocer que se consumen en el desayuno no representa mayor problema, siempre que se combinen con productos cocidos. El color es un requisito de calidad muy importante en un proceso de cocción, ya que sólo una ligera desviación del tono de color especificado puede provocar el rechazo.

La norma general para los embutidos cocidos requiere que el color de los mismos sea marrón dorado. Desde el punto de vista de la presentación y aspecto, algunos clientes que utilizan los embutidos como un componente de las comidas requieren el establecimiento de detalles específicos sobre el color, como que éste sea marrón claro, semioscuro u oscuro. Los embutidos de color claro se asocian con una cocción insuficiente, mientras que los de marrón oscuro se consideran sobrecocidos. Algunos clientes requieren especificaciones del producto como un relleno uniforme y homogéneo de color marrón beige claro y adecuadamente cocidos.

La producción del color de los embutidos cocidos está empezando a ser una función altamente especializada dentro del proceso de cocción. El tiempo previo a la cocción tradicionalmente permitido para la mezcla, el tiempo de residencia en el medio de cocción e incluso la concentración en la mezcla de algunos ingredientes, como la dextrosa, pueden invalidar las principales consideraciones sobre el color del producto.

Según parece, las normas sobre el color de los embutidos varían enormemente en tanto que no existen normas aceptadas a nivel nacional para los embutidos cocidos. No obstante, muchos fabricantes han desarrollado sus propias normas internas de referencia para el color, con fines de supervisión y especificación.

La norma generalmente más utilizada para los embutidos cocidos es la norma USDA para el color de las patatas fritas.

Una vez que se ha determinado una norma para el color debe lograrse, consecuentemente, que ésta resulte un requisito crítico. Los embutidos no deben presentar decoloraciones, manchas y glóbulos grasos.

Propiedades físicas

Los productos deben estar libres de aceite, grasa y cuerpos extraños. Constituye una buena práctica coincidir con el cliente acerca de la especificación sobre el porcentaje aceptable de roturas en la piel y grado de extrusión.

Igualmente debería existir este acuerdo con el cliente en la especificación referente a las dimensiones del producto, incluido el peso.

Normas microbiológicas

Todo fabricante de embutidos admitiría fácilmente que uno de los informes más analizados en sus premisas en el curso de las auditorias de los proveedores y de terceros fuera el relativo a los resultados microbiológicos del medio ambiente y del producto. La prueba de resultados microbiológicos de un producto ofrece una indicación resumida de la situación higiénica del proceso, incluidas las que se refieren a la manipulación y superficies de contacto. Esta es una de las bases de mayor garantía para permitir la puesta en circulación y confirmar la seguridad del producto. Constituye el informe de diligencia de cumplimiento de los proveedores y la base para la evaluación de conformidad.

Durante la especificación, las normas microbiológicas se clasifican en tres niveles, de exposición del objetivo, máximo y de rechazo. Debe llegarse a un acuerdo con el cliente sobre el punto o nivel del estado microbiológico sobre el que debe informarse. Unos recuentos elevados en los productos acabados pueden apuntar a diferentes problemas en la planta, como el estado microbiológico de la materia prima, especialmente la carne, una variación en el proceso especificado, manipulación (método, tiempo y frecuencia), limpieza (material, método, dosis química y tiempo de contacto), incluyendo la manipulación posterior a la cocción y la temperatura, si el producto ha sido sometido a tratamiento térmico.

Todos los embutidos cocidos de acuerdo con una BPF deberían ofecer un bajo recuento microbiano. Sin embargo, las normas microbiológicas deberían estar de acuerdo con los clientes sobre la especificación, al mismo nivel que lo que requiere la disposición. A algunos clientes les gustaría que cada lote de embutidos suministrado fuera acompañado de los resultados microbiológicos efectuados por un laboratorio acreditado. Otros exigen resultados según una frecuencia acordada. Con seguridad, unos niveles microbiológicos elevados en los productos acabados conducen a un elevado grado de deterioro del producto y a la pérdida de la vida útil establecida. La pérdida de reputación conducente a una pérdida del cliente es un peligro asociado a la pérdida de los controles de higiene del proceso. Entre las pruebas microbiológicas más comúnmente requeridas por los clientes se encuentran RVT, coliformes, *E. coli, Staphilococcus aureus,* mohos y levaduras, salmonella y listeria.

5.1.5 Defectos de calidad

Extrusión

Una máquina de trocear permite, normalmente, un giro razonable en los extremos del embutido que posibilite una adhesión entre la carne y la piel. Si esto no sucede puede tener lugar la extrusión (salida del relleno por los extremos). Otra razón para que esto ocurra es una receta incorrecta. Una buena receta debe minimizar la pérdida excesiva de grasa, que produce un efecto lubricante entre la carne y la piel del embutido. Este efecto es el que puede causar la extrusión.

Rotura de la piel

La rotura de la piel es uno de los principales defectos de calidad durante la cocción. En casos extremos, la tripa se rompe longitudinalmente y se desprende por completo. Existen diferentes causas de este defecto. La pérdida excesiva de grasa y agua, debidas a una baja proporción de carne magra en la receta, es una de las principales causas de la rotura. En un proceso de fritura por inmersión, todos los embutidos depositados en la cesta de cocción deberían, por supuesto, sumergirse por completo en el aceite, aunque si en la cesta hay demasiados embutidos puede que no tenga lugar de manera uniforme, ocasionando por tanto la rotura. Se sabe que la agitación frecuente de las cestas de cocción y el ajuste del tiempo y temperatura de cocción especificados constituyen prácticas adecuadas para reducir la rotura de la piel. Debe existir un acuerdo con el cliente respecto al porcentaje de tolerancia a la rotura de la piel, con vistas a una adecuada supervisión.

Pérdidas debidas a la cocción

A lo largo del desarrollo del producto, durante la utilización del sistema de cocción, debería establecerse un porcentaje de pérdidas debidas a la cocción que satisficiera al cliente, ya que tales pérdidas varían considerablemente con cada sistema. Desde el punto de vista de la supervisión, este grado de acuerdo con el cliente en la tolerancia también debería extenderse a otros parámetros de calidad importantes a la hora de establecer una especificación. En los productos funcionales, en los que las dimensiones y el peso del producto unitario son críticos, la incapacidad para controlar las pérdidas debidas a la cocción destruiría las enormes perspectivas comerciales del producto. Las elevadas pérdidas debidas a la cocción pueden afectar al aspecto, debido al elevado nivel de retracción del producto.

Las causas de estas pérdidas debidas a la cocción serían las siguientes:

1 *Receta incorrecta:* una proporción adecuada de carne magra en la receta da lugar a un producto de buena calidad y con pérdidas reducidas. Otra razón sería el tipo de grasa empleada. La grasa de vacuno se considera menos variable, mientras que la grasa de cerdo se clasifica en blanda (carrillada), media (dorsal) y dura (de riñonada). Tanto la grasa blanda no congelada como la descongelada proporciona las mínimas pérdidas debidas a la cocción.
2 *Temperatura de triturado:* durante el triturado la temperatura puede aumentar rápidamente. Si esto ocurre más allá de un cierto nivel, sin control, se vería afectada la estabilidad térmica del producto, dando lugar a elevadas pérdidas debidas a la cocción. Este efecto se ha discutido ampliamente en el Capítulo 4.
3 *Sistema de cocción:* teniendo en cuenta la pérdida evaporativa anterior a la congelación, el porcentaje de pérdidas debidas a la cocción en un sistema de cocción-enfriamiento-congelación puede variar considerablemente con respecto a los ambientes continuos cocción-congelación.
4 *Tiempo de cocción:* es, probablemente, el factor más importante que afecta al porcentaje de pérdida debida a la cocción. En los procedimientos internos de cocción debería especificarse rigurosamente el tiempo de cocción en relación con el tamaño y tipo de producto, en cuanto que la sobrecocción no sólo afecta a la pérdida debida a la cocción sino también a la calidad comestible.

Cálculos. Las especificaciones del producto y del proceso deberían indicar este parámetro concreto de calidad y los límites aceptables. Las pérdidas debidas a la cocción se consideran una función de la calidad de la mezcla y puede calcularse su porcentaje de la siguiente manera:

Porcentaje de pérdida debida a la cocción o retracción

$$= \frac{\text{Peso unitario tras el rellenado} - \text{Peso unitario tras la cocción}}{\text{Peso unitario tras el rellenado}} \times 100$$

Núcleo rosado

Además de la contaminación por nitrito, la causa principal del *núcleo rosado* (aspecto crudo de los embutidos), es un proceso de cocción insuficiente. Para evitar este defecto debe supervisarse adecuadamente la temperatura del aceite de cocción, la temperatura a alcanzar en el centro del producto (85-95°C), con una temperatura mínima en cualquier caso de 72°C, y el tiempo de cocción. Este tiempo, durante el cual se alcanza la temperatura en el centro del producto, viene determinado por el tamaño del mismo.

Piel oscura crujiente

Asumiendo que el material de la tripa es de buena calidad, el defecto de la piel oscura crujiente puede deberse a una sobrecocción. La calidad comestible sería igualmente defectuosa. La sobrecocción puede evitarse controlando el tiempo y temperatura de cocción.

5.1.6 Controles de calidad

Un sistema de calidad debería incluir la supervisión de otros parámetros como el control de la materia prima (defectos, atemperado, microbiología), temperatura de almacenamiento, formulación de la receta y mezclado, peso y dimensiones del relleno, temperatura de fritura, temperatura en el centro del producto, perfil de enfriamiento, temperatura de congelación, peso de los envases de cartón, detección y sensibilidad a los metales, temperatura de almacenamiento y distribución, y pruebas microbiológicas del producto y del medio ambiente.

5.1.7 Parámetros específicos de calidad de las salchichas de Frankfurt

Calidad física

La calidad física debe asegurar la uniformidad del tamaño, forma y aspecto general de los productos, que deberán presentarse:

1 sin defectos de forma o daños.
2 sin cuerpos extraños.
3 sin cartílagos, astillas de huesos y trozos de grasa. Puesto que la carne se recibe en bloques congelados es posible que presente algún cuerpo extraño procedente de la fuente de materia prima, difíciles de detectar visualmente en la recepción. Por ello, los productores deberían acordar en la especificación sobre la materia prima los niveles de tolerancia sobre cualquier posible defecto de calidad.
4 sin manchas y decoloraciones que desvirtúen materialmente el aspecto. Las salchichas de Frankfurt muestran un color que varía del rosa oscuro al marrón.

Las marcas de «beso», son zonas claras en la parte de la superficie de las salchichas que ha sido tocada durante la cocción.

Las marcas en el extremo del embutido pueden estar ocasionadas por el colgado de las perchas durante el ahumado.

Calidad organoléptica
Aspecto. Salchichas de Frankfurt sin piel, de configuración uniforme, que no sufren modificaciones del color ni roturas durante la cocción.

Color. Coloración uniforme, roja/marrón en el exterior y rosa en el interior.

Textura. Bocado firme, con una textura compacta, firme y suculenta, superficie externa que al romperse experimenta un «chasquido».

Flavor. Carne de cerdo adecuadamente aliñada, con un flavor a humo fuertemente desarrollado. No debe presentar flavores u olores desagradables.

Normas analíticas
Los análisis químicos deben especificar los porcentajes máximos característicos de carne y grasa.

Normas bacteriológicas
Además de las requeridas por el cliente deben incluir, como mínimo, todos los microorganismos requeridos por la disposición.

5.2 Gestión de la seguridad de los embutidos

5.2.1 Acta de Seguridad Alimentaria de 1990

Si se permitiera producir a los operarios de alimentos sin que sus actividades estuvieran reguladas por el gobierno, la salud y seguridad de los consumidores estaría en serio peligro. Las cuestiones sobre seguridad alimentaria son extremadamente diversas y, en líneas generales, se clasifican en físicas, químicas o biológicas. En un programa de producción continuo y de gran actividad, los operarios del entorno alimentario podrían perder de vista fácilmente estos aspectos si no utilizaran sistemáticamente un enfoque recomendado por una Buena Práctica de Fabricación. La ley alimentaria resulta entonces un instrumento eficaz, que el gobierno y sus equipos reguladores emplean para establecer la responsabilidad en cuestiones de seguridad alimentaria.

El Acta de Seguridad Alimentaria de 1990 es un instrumento legislativo que pretende reducir las contaminación de alimentos e intoxicaciones alimentarias, protegiendo al público no sólo de los alimentos no aptos para consumo, sino también de alimentos erróneamente descritos e incluso de los producidos mediante prácticas antihigiénicas. La consecución de este fin ofrece por un lado, sin duda, una protección de los derechos de cualquier persona implicada en la preparación, producción, procesado, almacenamiento, distribución y venta de alimentos y por otro, de los derechos de los consumidores. El Acta se dirige a las actividades y ocupaciones alimentarias, en todas las situaciones comerciales y algunas no comerciales y excluye los alimentos preparados en el hogar para usos domésticos.

El cuerpo del Acta contiene disposiciones para que las empresas alimentarias tomen «todas las precauciones razonables» y ejerzan «todas las diligencias de cumplimiento», para evitar que se produzca algún tipo de falta, según recoge el Acta. Por supuesto, el derecho de un operario de alimentos se encuentra protegido si él o ella han cumplido con el requisito de «todas las precauciones razonables» y «todas las diligencias de cumplimiento», demostrando sólidamente no sólo la adopción de medidas reconocidas por la industria, sino también la eficacia de su aplicación. No es necesario mencionar que si se produce alguna falta recogida en el Acta, se puede requerir de un operario de alimentos que pruebe que se identificaron todos los peligros y riesgos asociados, y que se eliminaron o se estableció un sistema de protección frente a los riesgos que pudieran causar la alteración del alimento. Un buen sistema de documentación, que muestre los informes de las actividades relacionadas con un planteamiento sistemático sobre seguridad alimentaria, entre las que se incluye el entrenamiento del personal, resulta inestimable en una defensa de diligencia de cumplimiento.

El Acta de Seguridad Alimentaria ha hecho posible la existencia de un amplio número de disposiciones entre las que se incluyen:

- The Meat Products (Hygiene) Regulations 1994
- The Fresh Meat (Hygiene and Inspection) Regulations 1995
- Food Safety (General Food Hygiene) Regulations 1995
- The Food safety (Temperature Control) Regulations 1995.

Estas disposiciones contienen detalles de los requisitos sobre la adecuación y mantenimiento de los establecimientos de alimentos, equipos, instalaciones, control de temperatura, fecha de marcado del alimento e incluso, sobre la aplicación de la ley. Otros requisitos abarcan la composición, higiene y gestión de la seguridad de los alimentos, incluida la responsabilidad sobre la calidad y seguridad.

5.2.2 Seguimiento

El seguimiento en el sector de procesado de la carne es una práctica conocida y, probablemente, una de las más controvertidas. El seguimiento es uno de los requisitos esenciales y constituye una herramienta muy eficaz en la gestión de la seguridad alimentaria. Las crecientes expectativas sobre la seguridad alimentaria y la información del etiquetado para mejorar la elección de los consumidores, están perfeccionando constantemente las normas de seguimiento. La globalización del mercado alimentario ha introducido igualmente, mayores retos y planteamientos más amplios en lo referente a las normas de seguimiento. El seguimiento es un requisito legal en la empresa alimentaria, aunque muchos fabricantes de embutidos ya han establecido su sistema de seguimiento más allá de los requisitos que lo regulan.

Significado y ámbito de aplicación

El seguimiento alimentario se refiere a la búsqueda que permite establecer la relación entre los ingredientes y el alimento acabado y listo para su consumo. Es un proceso de doble sentido, que permite avanzar en la búsqueda de los ingredientes, desde su origen al usuario final y desde éste al origen. El seguimiento permite informar sobre el estado del alimento y sus ingredientes durante todas las fases de producción, procesado y cadena de distribución. El seguimiento puede ser básico o complejo, según lo requiera la naturaleza de la empresa.

Los requisitos básicos de seguimiento para un fabricante de embutidos son el registro completo de clientes y la cadena de distribución, así como de los proveedores y cadena de suministro. Para conseguir que sea efectivo es necesario mantener una red consistente y adecuadamente supervisada. Para establecer la proporcionalidad entre el sistema de seguimiento requerido y el nivel de riesgo asociado es esencial la evaluación del riesgo de cada una de las empresas. El moderno fabricante de embutidos se encuentra actualmente bombardeado con peticiones de información sobre el origen de la carne, tales como:

- fuente y procedencia de la carne
- cortes específicos de carne utilizados
- alimentación de los animales de los que procede la carne
- estado de los ingredientes de los piensos animales implicados en modificaciones genéticas
- sistema de protección y estado del animal hasta el momento del sacrificio
- fecha de la muerte del animal
- número EC del matadero y salas de despiece y procesado
- cadenas de distribución, incluidos métodos de manipulación y temperatura

Algunos minoristas y clientes requieren información adicional sobre:

- temperatura del tratamiento térmico y tiempo de residencia, en caso de que se aplique
- estado de los ingredientes secos y compuestos, en términos de extensión de la modificación genética
- resultados microbiológicos ambientales y de los productos acabados que posibiliten la puesta en circulación de cada lote
- información analítica relacionada con el contenido cárnico y otros parámetros químicos y nutritivos del embutido
- temperatura del proceso y tiempo y temperatura de manipulación de cada lote

Algunos minoristas pueden restringir el suministro de embutidos a un número limitado de plantas de su relación de fuentes cárnicas acreditadas.

El seguimiento requerirá en este caso toda la información significativa y pertinente que se haya conseguido en relación con los anteriores y otros requisitos. Para conseguir un seguimiento eficaz, dicha información debe ser precisa, útil y de fácil acceso.

Beneficios del seguimiento

Los beneficios del seguimiento pueden asignarse, en líneas generales, a dos grupos: empresas y consumidores.

Beneficios para la empresa

- un seguimiento adecuado proporciona a las empresas las bases para una «diligencia de cumplimiento»
- cumple los requisitos legales
- posibilita y facilita una información precisa en el etiquetado
- además de lograr una gestión eficaz del riesgo empresarial, cadenas de suministro y distribución, el seguimiento posibilita actuar rápidamente en casos de incidencias sobre seguridad que exijan la retirada del producto
- se reduce el coste de las crisis de gestión, ya que puede establecerse la cantidad exacta de artículos que no se ajustan a las normas
- las empresas pueden ser estimuladas para ofrecer precios de primera calidad en sus productos, debido a la seguridad y confianza establecidas
- descarta las prácticas empresariales fraudulentas, aumentando de este modo las perspectivas empresariales y fomentando una buena práctica de fabricación en el sector
- cumple con la BRC, BMMA/EFSIS y otros requisitos de terceros, permitiendo de este modo a las empresas conseguir el visto bueno y lograr clientes tanto minoristas como mayoristas

Beneficios para el consumidor

- buena información para la elección del alimento, basada a su vez en la información de la etiqueta sobre el origen y tipo de ingredientes empleados
- excelente base para confiar en la seguridad del producto
- permite una gestión adecuada de problemas sanitarios y alérgicos
- acción decisiva en casos críticos de seguridad

Coste del seguimiento

La implantación, puesta en práctica, supervisión y revisión de un sistema de seguridad puede tener un elevado coste, especialmente para los fabricantes de embutidos poseedores, en su mayoría, de pequeñas empresas. Cada empresa debe establecer el seguimiento básico requerido que satisfaga los requisitos legales.

Por supuesto, un sistema de seguimiento debe estar siempre dispuesto al cambio, para adoptar la nueva información que exige el progreso y expansión de la empresa y que requiere la aprobación de los proveedores y de terceros. Para ir más allá de los requisitos básicos puede requerirse la admisión de personal nuevo, entrenamiento del personal actual, consultoría, adopción, si es necesaria, de tecnología informativa e información sobre el seguimiento del almacenamiento y manipulación. Esto implica un coste efectivo para un modesto fabricante de embutidos. Las empresas bien gestionadas probablemente adopten herramientas de evaluación de riesgos adecuadas, para determinar el nivel de seguimiento requerido que evite el exceso de solicitudes y reduzca los costes. Tal vez, asumir que el seguimiento estimulará e impulsará a una empresa puede actuar como un incentivo para que las pequeñas empresas adopten y mantengan un sistema de seguimiento eficaz.

Lo que no se tiene en cuenta, con frecuencia, es el hecho de que la ausencia de seguimiento coloca a la empresa en una situación de elevado riesgo y puede tener un coste insuperable, con pérdida de clientela, tiempo e imagen o reputación. Puesto que los consumidores son los instigadores y los últimos beneficiarios del rendimiento de un sistema alimentario sólido, seguro y de calidad, parece que no debe haber duda sobre quién debe asumir el coste del seguimiento.

5.2.3 Buena Práctica de Fabricación (BPF)

Aunque la ley intenta proteger el derecho de los productores que hacen todo lo razonable para evitar que se produzcan problemas de seguridad, así como el derecho de los consumidores a que se les proporcione un alimento seguro, la principal responsabilidad en seguridad alimentaria recae exclusivamente en aquellos implicados en la fabricación y venta de alimentos. Es razonable esperar que los fabricantes de embutidos cumplan con el mayor número posible de normas sobre seguridad alimentaria, ya que el hacerlo supone una herramienta clave en el mantenimiento y aumento de la confianza del consumidor en los diversos embutidos y productos cárnicos ofrecidos por la industria.

La fabricación de embutidos y otros productos alimentarios tiene que satisfacer numerosos requisitos legales (IFST, 1998), entre los que se encuentran los concernientes a componentes nutritivos y elementos composicionales, higiene, seguridad, formulación, vida útil, envasado y presentación, además de los requisitos demandados por el consumidor, como el flavor, textura, aspecto, comodidad, longitud, peso, color y quizás lo más importante, coste. El planteamiento normalizado y sistemático utilizado para cumplir estos requisitos constituye la Buena Práctica de Fabricación (BPF). Por consiguiente, la relación o quizás la condensación de las operaciones de fabricación de alimentos, garantía de calidad y seguridad, tal como señalan las normas acreditadas por la industria, es fundamental para la BPF (Donaldson y Early, 1996; IFT, 1998).

5.2.4 Sistema de limpieza y seguridad y salud del personal

La adherencia de los microorganismos a las superficies es un proceso biológico ampliamente estudiado y conocido en ciencia de los alimentos. Cualquier diseño de un sistema de seguridad e higiene alimentaria debería considerar como materia prioritaria el conjunto de conocimientos disponibles sobre el comportamiento de los microorganismos. El sistema de limpieza constituye, o debería constituir, una consideración clave en una formulación de APPCC. La ejecución de un sistema de limpieza, por consiguiente, debería reconocer y proporcionar entre otras cosas los siguientes cuatro requisitos principales:

1 tiempo
2 energía mecánica o cinética para la necesaria abrasión
3 energía química
4 energía térmica

Un buen sistema de limpieza es seguro y eficaz a la hora de reducir los microorganismos patógenos que portan los alimentos y los agentes químicos de limpieza, hasta un nivel que suponga un mínimo riesgo en la planta de procesado de alimentos. Un sistema de limpieza seguro no debe ocasionar problemas de residuos y contaminación en el alimento que se está produciendo, ni representar un peligro excesivo para la salud y seguridad de los operarios en el entorno de producción de alimentos.

Para conseguir esto, un sistema de limpieza y desinfección eficaz debería incluir las siguientes fases esenciales:

1 intensa limpieza inicial
2 limpieza con detergente
3 aclarado con agua fría seguida de agua caliente
4 aplicación de agentes desinfectantes
5 reposo durante 10 a 15 minutos
6 aclarado final, usualmente con agua fría

Algunos usuarios pueden verse tentados a admitir que la devoción por el potencial higiénico de los agentes químicos de limpieza puede dejar de lado una consideración importante sobre la salud y seguridad del personal.

Un elemento primordial en la solución de los problemas higiénicos de la planta debería tener en cuenta la protección de los operarios de los riesgos que conlleva el uso de un agente químico de limpieza o una mezcla de estos agentes.

Smith (2000) destacó los riesgos potenciales relacionados con el uso de pulverizadores con agua superclorada, especialmente a temperaturas elevadas, o la combinación con cantidades traza de otros agentes químicos (incluidos el amoníaco y compuestos orgánicos), que conducen a la producción de aerosoles que pueden contener cloroformo, trihalometanos y cloraminas. Señaló que aunque el cloro es seguro y eficaz, siempre que se utilice correctamente, para el control de samonella y *E. coli* los individuos sensibles podrían mostrar reacciones frente a estos compuestos, incluso en concentraciones muy pequeñas.

La educación de los operarios y personal encaminada a que tomen conciencia de los riesgos relacionados con el uso de los agentes de limpieza, niveles de seguridad, problemas de residuos, manipulación, almacenamiento y sistemas de distribución debería formar parte de la completa evaluación de los efectos de los agentes químicos empleados en la limpieza. Las recomendaciones deberían incluir igualmente la utilización de equipo protector y acciones correctoras, en casos de violación del procedimiento y aplicación incorrecta. En algunas empresas, la aplicación del Control of Substances Hazardous to Health (COSHH) proporciona una importante cantidad de información que podría aumentar este conocimiento.

5.2.5 Alérgenos y retos en la fabricación de embutidos

El tema de los alérgenos es un aspecto sobre el que un fabricante de embutidos tiene poco o ningún control, aunque estaría dispuesto a escuchar y supervisar las tendencias de consumo, con vistas al desarrollo de un nuevo producto y adaptación a las necesidades del mercado. Woolen (2000) identificó dos tipos de sensibilidad alérgica a los alimentos, inmunológicas y no inmunológicas. Las inmunológicas implican la reacción del sistema inmune a un ingrediente del alimento al que es sensible, mientras que las no inmunológicas implican la reacción de rechazo del sistema digestivo. El aumento de la atención prestada por los medios de comunicación y el conocimiento de los consumidores sobre las reacciones alérgicas a determinados ingredientes de los alimentos sitúan a los fabricantes frente a un alto riesgo de litigio. La British Meat Manufacturer´s Association (BMMA) ha publicado una norma sobre el uso de aditivos en productos cárnicos y productos que contengan carne (007). Este folleto identifica los riesgos del uso de ciertos aditivos y proporciona una visión general al consumidor, incluyendo algunas recomendaciones.

5.2.6 Análisis de Peligros y Puntos de Control Críticos (APPCC)

El sistema APPCC, desarrollado inicialmente por la National Aeronautic and Space Administration de Estados Unidos, es un concepto perfectamente establecido, que ha sido adoptado y extensamente aplicado a lo largo de muchos años en la industria alimentaria. El sistema APPCC permite establecer controles necesarios en el proceso en distintas fases o etapas de la fabricación de embutidos, por lo cual su ausencia podría dar lugar a problemas de contaminación y a plantear un peligro para la salud pública. Se basa en principios científicos y constituye una herramienta de gestión eficaz, que ofrece un planteamiento práctico y sistemático frente a los problemas de seguridad en el sistema de producción de alimentos. El principio va más allá de la identificación de los peligros en un proceso de producción de alimentos, al incluir la evaluación del nivel de riesgo que éstos puedan plantear.

Los riesgos que los peligros plantean pueden clasificarse de la siguiente manera:

1 microbiológicos (patógenos)
2 químicos (plomo, agentes de limpieza, toxinas)
3 físicos (cuerpos extraños como plásticos, cristales, metales, madera, equipos y superficies de contacto)

Lo singular del sistema APPCC es que puede emplearse para controlar peligros importantes en el entorno de la producción de alimentos, tanto desde el punto de vista económico como de salud pública.

La formulación del sistema APPCC debe reflejar una extraordinaria demostración de apoyo por parte de la dirección, debiendo constituirse un equipo con personal perteneciente a diferentes niveles del proceso de producción. A la hora de diseñar sistemas APPCC es indispensable el conocimiento de un equipo de producción con experiencia. Dicho conocimiento debe tener en cuenta el historial de los problemas de fondo, los límites del proceso y probables riesgos y debería controlar las pérdidas durante determinadas fases de la operación de producción. Probablemente, el personal clave del equipo que se requiere en mayor proporción son técnicos y QA y personal de producción e ingeniería, dado el significativo nivel de interrelación de sus funciones en el cumplimiento de un sistema seguro de fabricación de alimentos.

En la formulación de un sistema APPCC es obligado considerar los siguientes siete pasos:

1 Dirección de un análisis de peligros

Un análisis APPCC se lleva a cabo utilizando siete principios del Codex Alimentarius u otras normas reconocidas, que identifiquen todos los peligros de un determinado sistema de procesado de alimentos que puedan afectar a la seguridad alimentaria e indiquen cómo controlarlos. Diferentes ejemplos serían los constituidos por la carga microbiana de la materia prima, inclusión de plásticos y presencia de restos óseos en carne congelada. Se recomienda que los esfuerzos del equipo se centren en la dirección de un análisis de peligros y en la producción de un plan APPCC. Deben evidenciarse, si las hubiera, las posibles deficiencias técnicas del equipo que se observen. Es esencial que cualquier miembro del equipo se implique en la puesta en común y en el flujo del proceso que puedan identificar los peligros significativos para la salud pública. El equipo debe estar capacitado para identificar no sólo los peligros obvios relacionados con el alimento o el proceso, sino también aquellos menos obvios que puedan resultar más importantes en el futuro.

2 Identificación de los puntos de control críticos (PCC) en el proceso

La llegada de materias primas a la planta de alimentos supone la introducción de numerosos peligros, algunos de ellos relacionados con el flujo del producto y el proceso. Estos peligros no siempre están patentes y deben ser controlados en su lugar de origen o de identificación. Existen puntos o fases del proceso de producción en los que los peligros podrían evitarse, controlarse o eliminarse, de la manera más adecuada, hasta un nivel seguro. Entre estos puntos podrían incluirse la entrada y almacenamiento de materia prima y las fases de cocción y refrigeración de embutidos. Claramente, el número de riesgos y su localización variará de una a otra planta de embutidos dependiendo, entre otros factores, de la diversidad del producto y del proceso y procedimiento.

3 Establecimiento de medidas preventivas con límites críticos para los puntos de control

Aplicar parámetros científicos de control y requisitos reguladores que establezcan tolerancias y límites superiores e inferiores, incluidos los objetivos para las condiciones de PCC. Estos límites y tolerancias deberían abarcar elementos relacionados con peligros biológicos, físicos y químicos. Éstos deben incluir temperatura de cocción del aceite o del horno y temperatura en el centro del embutido y tiempo de residencia en el horno o aceite. El punto clave viene dado por los valores que se asignen a las condiciones o parámetros de control para los PCC, de forma que permitan a los supervisores decidir qué valores pueden o no aceptarse.

4 Procedimientos de supervisión de los PCC

Explicar exactamente cómo se supervisan los controles y se asignan responsabilidades. Tan importante como el quién, qué y cómo es la frecuencia con la que se lleva a cabo la supervisión de los controles críticos. Los operarios deben estar entrenados y activamente implicados en el conocimiento del plan APPCC y en cómo esto afecta a las responsabilidades específicas de su trabajo. Debe asignarse un QA para obtener un certificado de análisis de cada materia prima entregada, con una clara concepción de su significado en el plan APPCC. Debe prestarse algún tipo de dirección y ayuda a los operarios, de forma que puedan llevar a cabo procedimientos de supervisión práctica durante el proceso.

5 Establecimiento de acciones correctoras cuando la supervisión indica pérdida de control en algún PCC

Acciones requeridas cuando aparece un proceso o producto inadecuado. Se aplica cuando en el proceso existe una desviación de los límites especificados. Consistiría en el reajuste o reevaluación de una línea de fritura continua, para evitar que se repita. Igualmente afectaría a la retención, repetición de controles o retirada de productos contaminados con metales. El principio fundamental es que los operarios tengan claro cuáles son las acciones adecuadas y necesarias que hay que llevar a cabo y que puedan realizarlas tan pronto como se requiera. Las personas encargadas de la supervisión deben conocer los niveles de responsabilidad y poder no sólo llevar a cabo la acción, sino también conocer a la persona apropiada con quien comunicarse para tratar sobre las acciones que deben llevarse a cabo.

6 Verificación del sistema APPCC

Los instrumentos de análisis adecuados requieren la verificación y controles QA para asegurar su precisión y la eficacia de los controles de supervisión. Si es necesario, deberían calibrarse todos los termómetros. Más allá y por encima de las comprobaciones normales de rutina, debería realizarse una prueba adicional, aunque menos frecuente, sobre los controles de seguridad alimentaria. La verificación resultante o los datos analíticos demostrarían la eficacia del plan de APPCC. La verificación se realizaría en forma de un sistema anual o de revisión de informes. Los beneficios evidentes de esta práctica se encuentran en la posibilidad de que haya tenido lugar un cambio a lo largo de la línea de proceso, haciendo inadecuados los pertinentes controles. Tales observaciones conducirían, normalmente, a la introducción de un nuevo método o mejora del proceso.

7 Establecimiento de un archivo eficaz con documentación del sistema APPCC

Los informes deben reflejar los peligros y acciones correctoras realizadas en el sistema de producción de alimentos, incluidos los informes del material inadecuado, procesos y productos en espera, razón para la suspensión y persona responsable de darlos de alta. También es importante el informe de revisión periódica del sistema APPCC, para asegurar que los controles y métodos establecidos son eficaces. De hecho, todos los informes y acciones relacionadas con el control de seguridad, realizadas en situaciones inadecuadas, están implicados y requieren custodia por razones de regulación y posibles razones de «diligencias de cumplimiento». El archivo constituye un punto de referencia en caso de seguimiento e investigación de reclamaciones, especialmente cuando se encuentran implicados productos con una larga vida útil.

Deberían señalarse los cambios en el proceso y diseñar un plan APPCC que se adapte a estos cambios. El sistema APPCC varía considerablemente entre las diferentes industrias y productos. Algunas empresas pueden diseñar y documentar un excelente sistema APPCC con escasa aplicación práctica en su proceso. Un APPCC sencillo, práctico y comprobado, probablemente reduciría el riesgo de peligros dentro de un sistema de forma más eficaz que uno exhaustivo, pero que no ha sido comprobado ni aplicado directamente al proceso en cuestión.

En una industria de embutidos cocidos, un sistema APPCC debe mostrar con detalle las diferentes fases del proceso e identificar los PCC utilizando un diagrama de flujo (véase Apéndice 6). Los controles supervisados en los PCC indican las acciones correctoras (véase Apéndice 7). El plan y organigrama de un APPCC (Apéndices 6 y 7) podrían considerarse genéricos para los embutidos cocidos y puede que no sean por completo aplicables a todas las plantas, ya que cada una de ellas es diferente.

Con el fin de eliminar o reducir los peligros durante el proceso, o para proteger el producto de los peligros durante las diversas fases de la operación de producción, los principios del APPCC deberían incluirse y desarrollarse de forma flexible.

Para que un sistema APPCC sea eficaz, es crucial el establecimiento de límites de control y su supervisión. Si el objetivo de la supervisión de los controles es el de reducir los peligros, resulta igualmente esencial el conocimiento adecuado de la naturaleza de éstos.

Es necesaria la revisión periódica del sistema APPCC para adaptarlo a los cambios ocasionados por el desarrollo de nuevos productos y procesos, incluida la información proveniente del análisis de tendencias en las reclamaciones del cliente. Un sistema APPCC adecuadamente comprobado cumple con los requisitos legales proporciona pruebas de diligencia de cumplimiento, confirmando una buena práctica de fabricación.

La ejecución de un APPCC eficaz tiene muchos beneficios, entre los cuales se cuentan:

1 Una clara demostración de conformidad con los requisitos reguladores, como salud y seguridad y diligencia de cumplimiento.
2 Asegurar la confianza de los consumidores en lo que se refiere a la seguridad de los alimentos, teniendo en cuenta su preocupación por los aspectos relacionados con la presencia en los alimentos de contaminantes, como el plomo, patógenos y cuerpos extraños.
3 Al ser un concepto internacional, las industrias y países a título individual pueden competir efizcamente con productos similares en el mercado internacional.
4 El extraordinario crecimiento y expansión del sector de los embutidos en la industria de productos cárnicos procesados, unido a la diversidad inherente de productos y procesos, hacen que el sistema APPCC posea aún un mayor significado en la entrega de alimentos seguros a los consumidores.

Capítulo 6
Nuevos productos

6.1 Desarrollo de nuevos embutidos

El sostén de muchas empresas alimentarias y, probablemente, el factor determinante de su continuidad depende en gran medida del desarrollo de nuevos productos. El éxito del desarrollo de un nuevo producto estriba, fundamentalmente, en presentar un embutido que mantenga el sabor y aspecto tradicional, al tiempo que se eliminan los ingredientes que no son aceptables para el consumidor. Si se eliminan, por ejemplo, potenciadores del flavor (que contengan glutamato monosódico), conservantes, antioxidantes y quizás, proteína vegetal hidrolizada, ¿conservaría el embutido su sabor? ¿Aceptarían los consumidores el producto resultante de la ausencia de estos ingredientes? La respuesta a estas preguntas es, evidentemente, no. Los consumidores desean consumir embutidos con un sabor tradicional y rechazan la eliminación de ingredientes. Entre los retos que plantea el desarrollo de nuevos embutidos se encuentran el tratamiento dado a las cuestiones alergénicas, así como el constante compromiso con las exigencias del cliente. No obstante, los cambios en la tendencia de consumo, motivados por el mayor conocimiento de los consumidores a la hora de la elección, proporciona abundantes oportunidades en el desarrollo de nuevos embutidos. Sabiendo que el futuro de muchas industrias alimentarias se halla relacionado con el desarrollo de nuevos productos, algunos fabricantes han adoptado el desarrollo de un planteamiento activo frente a las amenazas, casi constantes, a las que se enfrenta la industria alimentaria.

Fuller (1994) señaló la producción de nuevos alimentos como la principal vía abierta a una industria alimentaria para que resulte rentable y pueda sobrevivir. En este libro se mencionan cinco fuerzas conductoras del desarrollo de nuevos alimentos:

1 Todos los productos tienen ciclos vitales. Esto es, entran en el mercado, maduran durante un tiempo indeterminado, mueren y deben sustituirse.
2 La gestión de una empresa debe adoptar una política que exija un programa de crecimiento agresivo, capaz de satisfacer objetivos comerciales a largo plazo.
3 El mercado puede cambiar, requiriendo nuevos productos más apropiados para responder a los cambios.
4 La nueva tecnología debe fabricar nuevos alimentos, más adecuados al estilo de vida de los consumidores actuales.
5 Los cambios en la legislación gubernamental, junto con los programas de salud, política agrícola o programas de apoyo a la agricultura, deben dictar qué tipo de desarrollo de nuevos productos debe seguirse.

6.2 Embutidos orgánicos

La ley sobre alimentos orgánicos y cultivados pone el énfasis en un sistema sostenible, que dependa de los ciclos vitales naturales, alimentado por el suelo y que reduzca el uso de diversos compuestos químicos, pesticidas, fosfatos orgánicos, fertilizantes y organismos genéticamente modificados (OGM). Entre los requisitos fundamentales para este tipo de alimentos se encuentran también la protección animal y el procesado mínimo o el uso de aditivos.

La Soil Association es la principal organización del Reino Unido en lo que se refiere al dictamen de normas sobre alimentos orgánicos y cultivados; más del 70% de los alimentos orgánicos vendidos en el Reino Unido llevan su símbolo orgánico. La exhaustiva cantidad de normas de la asociaciación sobre alimentos orgánicos y cultivados explican y definen los principios, prácticas y requisitos para estos alimentos.

La obtención de la materia prima que vaya a utilizarse en la fabricación de embutidos debe, por consiguiente, tener en cuenta las consideraciones anteriores sobre los requisitos. Los fabricantes cuyos envases sean declarados orgánicos deben tener el respaldo y la autorización de la Soil Association. Dicha práctica de producción debería considerar la completa separación entre los ingredientes orgánicos y no orgánicos. Una certificación permitirá a dichos fabricantes el empleo, en sus envases, de la marca orgánica de la Soil Association.

Existe evidentemente una tendencia creciente en la demanda pública de embutidos orgánicos, ya que se presentan y promocionan como la última garantía en seguridad alimentaria. Su creciente popularidad no tiene precedentes, a la vista de las reclamaciones sobre seguridad alimentaria, como BSE y contaminación con dioxina de las fuentes de alimentación del ganado. La Soil Association posee una relación de diversos productores de embutidos y otros alimentos que han sido autorizados para declarar orgánicos sus alimentos.

6.3 Embutidos vegetarianos

Las diferentes crisis sobre seguridad alimentaria que están afectando a la industria cárnica en los últimos años han llevado a que muchas personas pierdan la confianza en la carne como una fuente de proteína, permitiendo, de este modo, que el DNP intente utilizar en el sector de embutidos fuentes de proteína alternativas y otros ingredientes para fabricar embutidos con destino a su propio mercado. Los embutidos vegetarianos tienen una cuota en el mercado de embutidos relativamente pequeña, aunque muestran una tendencia de popularidad creciente. Los agentes de extensión cárnicos y/o sustancias análogas se utilizan con ingredientes secos para conseguir un producto de primera calidad en este mercado concreto. Existe una evidente experiencia de consumo que demuestra que la suculencia, textura y firmeza son diferentes a las de las recetas tradicionales.

6.4 Embutidos con bajo contenido de grasa

Los embutidos tienen una pobre imagen sanitaria, y son percibidos por algunas personas como demasiado grasientos. Como consecuencia de la concepción y consideraciones sobre la salud del consumidor ha tenido lugar el desarrollo de embutidos con un bajo contenido de grasa. La disminución del contenido de grasa requiere una formulación que aumente el contenido de carne magra y reduzca el nivel de grasa. Las características del magro visual (mv) de la carne utilizada son críticas para conseguir un producto con un bajo contenido de grasa. Además del nivel, en los embutidos se modifica igualmente el tipo. Esta posibilidad la confirma la investigación llevada a cabo en Grecia en embutidos fermentados con un elevado contenido de ácidos grasos saturados y colesterol. Bloukas *et al.* (1997) trabajaron en la sustitución parcial (hasta el 20%) de la grasa de cerdo con aceite de oliva emulsificado, sin que se produjeran cambios en el aspecto, firmeza, olor o sabor.

6.5 Embutidos con bajo contenido de sal y sodio

Los embutidos con un bajo contenido de sal y sodio son igualmente productos de primera calidad que se han desarrollado como resultado de las consideraciones sobre la salud de los consumidores. La formulación de la receta controla las concentraciones de sal en el producto final, bien evitando la adición directa de sal o reduciendo su presencia en la mezcla de aliño u otros ingredientes, como agentes ligantes y compuestos del curado. Un creciente número de clientes requiere el desarrollo de nuevos productos en esta dirección, con el fin de ampliar su rango de productos con un bajo contenido de sal. Los embutidos con un bajo contenido de sal y sodio constituyen básicamente una reformulación del producto, cuyo objetivo es hacerse con un hueco en el mercado actual de productos.

6.6 Recetas exóticas y gastronómicas

Puesto que como consecuencia de los desplazamientos, inmigración y el conocimiento del resto de las culturas alimentarias mundiales el ámbito de los alimentos se reduce, la fabricación de embutidos se ha desarrollado en el sentido de utilizar diferentes flavores e ingredientes procedentes de todos los lugares del mundo, que satisfagan la percepción organoléptica de determinados consumidores. Entre dichos ingredientes se encuentran el *haggis**, ajo, vino y pimienta (blanca, negra o roja). Los nuevos embutidos con ingredientes exóticos tienen una gran oportunidad para ocupar un hueco en el mercado todavía sin explorar por la industria.

La mayoría de las ideas sobre nuevos productos, en las líneas exótica y gastronómica, requieren la misma adquisición de equipos importantes que la reformulación de los productos actuales que incluyan distintos ingredientes. A veces, el esfuerzo, tiempo y dinero requeridos para la formulación, conjunción de los ingredientes y las pruebas que actualmente se exigen para la presentación de un prototipo pueden ser incomparables con los requeridos a la fuente y a la adquisición de ingredientes exóticos procedentes de fuentes confirmadas. La reformulación de embutidos debería considerar la facilidad de adquirir nuevos ingredientes a partir de fuentes de confianza, así como el impacto del coste en el producto final para conseguir un buen margen en una industria competitiva.

---

* *N. del T.*: asaduras de cordero, avena y especias, cocidas en la tripa del animal.

Apéndice 1
Relación de aditivos alimentarios permitidos con sus números de serie (números EC)

E100 Curcumina
E101 (i) Riboflavina
(ii) Fosfato 5 de riboflavina
E102 Tartracina
E104 Amarillo de quinoleína
E110 Amarillo ocaso FCF, amarillo anaranjado S
E120 Cochinilla, ácido carmínico, carmines
E122 Azorrubina
E123 Amaranto
E124 Rojo cochinilla A, Ponceau 4R
E127 Eritrosina
E128 Rojo 2G
E129 Rojo allura AC
E131 Azul patentado V
E132 Indigotina, Carmín índigo
E133 Azul brillante FCF
E140 Clorofilas y clorofilinas
(i) Clorofilas
(ii) Clorofilinas
E141 Complejos de cobre con clorofila y clorofilina
(i) Complejo de cobre-clorofila
(ii) Complejo de cobre-clorofilina
E142 Verde S
E150a Caramelo natural
E150b Caramelo de sulfito cáustico
E150c Caramelo amónico
E150d Caramelo de sulfito amónico
E151 Negro brillante BN, negro PN
E153 Carbón vegetal
E154 Marrón FK
E155 Marrón HT
E160a Carotenos
(i) Mezcla de carotenos
(ii) Beta-caroteno
E160b Annato, bixina, norbixina
E160c Extracto de pimentón, capsantina, capsorrubina
E160d Licopeno
E160e Beta-apo-8 carotenal (C30)
E160f Éster etílico del ácido beta-apo-8' carotenoico (C30)
E161b Luteína
E161g Cantaxantina
E162 Rojo remolacha, betanina
E163 Antocianinas
E170 Carbonato cálcico
(i) Carbonato cálcico
(ii) Carbonato ácido de calcio

E171 Dióxido de titanio
E172 Óxidos e hidróxidos de hierro
E173 Aluminio
E174 Plata
E175 Oro
E180 Litolrrubina BK
E200 Ácido sórbico
E202 Sorbato potásico
E203 Sorbato cálcico
E210 Ácido benzoico
E211 Benzoato sódico
E212 Benzoato potásico
E213 Benzoato cálcico
E214 Etil p-hidroxibenzoato
E215 Etil p-hidroxibenzoato sódico
E216 Propil p-hidroxibenzoato
E217 Propil p-hidroxibenzoato sódico
E218 Metil p-hidroxibenzoato
E219 Metil p-hidroxibenzoato sódico
E220 Dióxido de azufre
E221 Sulfito sódico
E222 Sulfito ácido de sodio
E223 Metabisulfito sódico
E224 Metabisulfito potásico
E226 Sulfito cálcico
E227 Sulfito ácido de calcio
E228 Sulfito ácido de potasio
E230 Bifenilo, difenilo
E231 Ortofenil fenol
E232 Ortofenil fenol sódico
E233 Tiabendazol
E234 Nisina
E235 Natamicina
E239 Hexametilentetramina
E242 Dimetil dicarbonato
E249 Nitrito potásico
E250 Nitrito sódico
E251 Nitrato sódico
E252 Nitrato potásico
E260 Ácido acético
E261 Acetato potásico
E262 Acetato sódico
(i) Acetato sódico
(ii) Acetatoácido de sodio (diacetato sódico)
E263 Acetato cálcico
E270 Ácido láctico
E280 Ácido propiónico
E281 Propionato sódico
E282 Propionato cálcico
E283 Propionato potásico
E285 Tetraborato sódico (bórax)
E290 Dióxido de carbono
E296 Ácido málico
E297 Ácido fumárico
E300 Ácido ascórbico
E301 Ascorbato sódico
E302 Ascorbato cálcico
E304 Ésteres de ácidos grasos del ácido ascórbico
(i) Palmitato de ascorbilo
(ii) Estearato de ascorbilo
E306 Extracto rico en tocoferoles
E307 Alfa-tocoferol
E308 Gamma-tocoferol
E309 Delta-tocoferol
E310 Galato de propilo
E311 Galato de octilo
E312 Galato de dodecilo
E315 Ácido eritórbico
E316 Eritorbato sódico
E320 Butil hidroxi anisol (BHA)
E321 Butil hidroxi tolueno (BHT)
E322 Lecitinas
E325 Lactato sódico
E326 Lactato potásico
E327 Lactato cálcico
E330 Ácido cítrico
E331 Citratos sódicos
(i) Citrato monosódico
(ii) Citrato disódico
(iii) Citrato trisódico

E332 Citratos potásicos
(i) Citrato monopotásico
(ii) Citrato tripotásico
E333 Citratos cálcicos
(i) Citrato monocálcico
(ii) Citrato dicálcico
(iii) Citrato tricálcico
E334 Ácido L(+)-tartárico
E335 Tartratos sódicos
(i) Tartrato monosódico
(ii) Tartrato disódico
E336 Tartratos potásicos
(i) Tartrato monopotásico
(ii) Tartrato dipotásico
E337 Tartrato sódico potásico
E338 Ácido fosfórico
E339 Fosfato sódico
(i) Fosfato monosódico
(ii) Fosfato disódico
(iii) Fosfato trisódico
E340 Fosfatos potásicos
(i) Fosfato monopotásico
(ii) Fosfato dipotásico
(iii) Fosfato tripotásico
E341 Fosfatos cálcicos
(i) Fosfato monocálcico
(ii) Fosfato dicálcico
(iii) Fosfato tricálcico
E350 Malatos sódicos
(i) Malato sódico
(ii) Malato ácido de sodio
E351 Malato potásico
E352 Malato cálcico
E353 Ácido metartárico
E354 Tartrato cálcico
E355 Ácido adípico
E356 Adipato sódico
E357 Adipato potásico
E363 Ácido succínico
E380 Citrato triamónico
E385 Etilén diamín tetraacetato disódico cálcico (EDTA disódico cálcico)
E400 Ácido algínico
E401 Alginato sódico
E402 Alginato potásico
E403 Alginato amónico
E404 Alginato cálcico
E405 Propano-1,2-diol alginato
E406 Agar
E407 Carragenano
E407a Algas del género Eucheuma procesadas
E410 Goma de garrofín
E412 Goma guar
E413 Tragacanto
E414 Goma de acacia (goma arábiga)
E415 Goma xantana
E416 Goma karaya
E417 Goma tara
E418 Goma de gelano
E420 Sorbitol
(i) Sorbitol
(ii) Jarabe de sorbitol
E421 Manitol
E422 Glicerol
E431 Estearato de polioxietileno (40)
E432 Polioxitileno de sorbitano Triestearato (polisorbato 65)
E433 Polioxietileno de sorbitano Monooleato (polisorbato 80)
E434 Polioxietileno de sorbitano Monopalmitato (polisorbato 40)
E435 Polioxietileno de sorbitano Monoestearato (polisorbato 60)
E436 Polioxietileno de sorbitano Triestearato (polisorbato 65)
E440 Pectinas
(i) Pectina
(ii) Pectina amidada
E442 Fosfátidos de amonio
E444 Acetato isobutirato de sacarosa
E445 Ésteres de glicerol de colofonia de madera
E450 Difosfatos
(i) Difosfato disódico
(ii) Difosfato trisódico

(iii) Difosfato tetrasódico
(iv) Difosfato dipotásico
(v) Difosfato tetrapotásico
(vi) Difosfato dicálcico
(vii) Difosfato diácido de calcio

E451 Trifosfatos
(i) Trifosfato pentasódico
(ii) Trifosfato pentapotásico

E452 Polifosfatos
(i) Polifosfato sódico
(ii) Polifosfato potásico
(iii) Polifosfato sódico cálcico
(iv) Polifosfatos cálcicos

E460 Celulosa
(i) Celulosa microcristalina
(ii) Celulosa en polvo

E461 Metil celulosa
E463 Hidroxipropil celulosa
E464 Hidroxipropilmetil celulosa
E465 Etilmetil celulosa
E466 Carboximetil celulosa
Carboximetil celulosa sódica
E470a Sales sódicas, potásicas y cálcicas de ácidos grasos
E470b Sales magnésicas de ácidos grasos
E471 Mono y diglicéridos de ácidos grasos
E472a Ésteres acéticos de los mono y diglicéridos de ácidos grasos
E472b Ésteres lácticos de los mono y diglicéridos de ácidos grasos
E472c Ésteres cítricos de los mono y diglicéridos de ácidos grasos
E472d Ésteres tartáricos de los mono y diglicéridos de ácidos grasos
E472e Ésteres mono y diacetil tartáricos de los mono y diglicéridos de ácidos grasos
E472f Ésteres mixtos acéticos y tartáricos de los mono y diglicéridos de ácidos grasos
E473 Ésteres de ácidos grasos y sacarosa
E474 Sucroglicéridos
E475 Ésteres de ácidos grasos y poliglicerol
E476 Polirricinoleato de poliglicerol
E477 Ésteres de propano-1,2-diol de ácidos grasos
E479b Aceite de semilla de soja oxidado térmicamente, en interacción con mono y diglicéridos de ácidos grasos
E481 Estearoil-2-lactilato sódico
E482 Estearoil-2-lactilato cálcico
E483 Tartrato de estearilo
E491 Monoestearato de sorbitano
E492 Triestearato de sorbitano
E493 Monolaurato de sorbitano
E494 Monooleato de sorbitano
E495 Monopalmitato de sorbitano
E500 Carbonatos sódicos
(i) Carbonato sódico
(ii) Carbonato ácido de sodio
(iii) Sesquicarbonato sódico

E501 Carbonatos potásicos
(i) Carbonato potásico
(ii) Carbonato ácido de potasio

E503 Carbonatos amónicos
(i) Carbonato amónico
(ii) Carbonato ácido de amonio

E504 Carbonatos magnésicos
(i) Carbonato magnésico
(ii) Carbonato ácido de magnesio

E507 Ácido clorhídrico
E508 Cloruro potásico
E509 Cloruro cálcico
E511 Cloruro magnésico
E512 Cloruro estannoso
E513 Ácido sulfúrico
E514 Sulfatos sódicos
(i) Sulfato sódico
(ii) Sulfato ácido de sodio

E515 Sulfatos potásicos
(i) Sulfato potásico
(ii) Sulfato ácido de potasio

E516 Sulfato cálcico

E517	Sulfato amónico
E520	Sulfato alumínico
E521	Sulfato sódico alumínico
E522	Sulfato alumínico potásico
E523	Sulfato alumínico amónico
E524	Hidróxido sódico
E525	Hidróxido potásico
E526	Hidróxido cálcico
E527	Hidróxido amónico
E528	Hidróxido magnésico
E529	Óxido cálcico
E530	Óxido magnésico
E535	Ferrocianuro sódico
E536	Ferrocianuro potásico
E538	Ferrocianuro cálcico
E541	Fosfato ácido sódico alumínico
E551	Dióxido de silicio
E552	Silicato cálcico
E553a	(i) Silicato magnésico
	(ii) Trisilicato magnésico
E553b	Talco
E554	Silicato sódico alumínico
E555	Silicato alumínico potásico
E556	Silicato alumínico cálcico
E558	Bentonita
E559	Silicato alumínico (Caolín)
E570	Ácidos grasos
E574	Ácido glucónico
E575	Glucono-delta-lactona
E576	Gluconato sódico
E577	Gluconato potásico
E578	Gluconato cálcico
E579	Gluconato ferroso
E585	Lactato ferroso
E620	Ácido glutámico
E621	Glutamato monosódico
E622	Glutamato monopotásico
E623	Diglutamato cálcico
E624	Glutamato monoamónico
E625	Diglutamato magnésico
E626	Ácido guanílico
E627	Guanilato disódico
E628	Guanilato dipotásico
E629	Guanilato cálcico
E630	Ácido inosínico
E631	Inosinato disódico
E632	Inosinato dipotásico
E633	Inosinato cálcico
E634	5'-ribonucleótido cálcico
E635	5'-ribonucleótido disódico
E640	Glicina y sus sales sódicas
E900	Dimetilpolisiloxano
E901	Cera de abejas, blanca y amarilla
E902	Cera de candelilla
E903	Cera de carnauba
E904	Laca
E912	Ésteres del ácido montánico
E914	Cera de polietileno oxidada
920	Clorhidrato de L-cisteína*
925	Cloro*
926	Dióxido de cloro*
E927b	Carbamida
E938	Argón
E939	Helio
E941	Nitrógeno
E942	Óxido nitroso
E948	Oxígeno
E950	Acesulfame K
E951	Aspartame
E952	Ácido ciclámico y sus sales de Na y Ca
E953	Isomalt
E954	Sacarina y sus sales de Na, K y Ca
E957	Taumatina
E959	Neohesperidina DC
E965	Maltitol
	(i) Maltitol
	(ii) Jarabe de maltitol

* Sin prefijo E

E966 Lactitol
E967 Xilitol
E999 Extracto de quilaya
E1105 Lisozima
E1200 Polidextrosa
E1201 Polivinil polipirrolidona
E1404 Almidón oxidado
E1410 Fosfato de monoalmidón
E1412 Fosfato de dialmidón
E1413 Fosfato de dialmidón fosfatado
E1414 Fosfato de dialmidón acetilado
E1420 Almidón acetilado
E1422 Adipato de dialmidón acetilado
E1440 Hidroxi propil almidón
E1442 Fosfato de hidroxil propil dialmidón
E1450 Octenil succinato sódico de almidón
E1505 Citrato de trietilo
E1518 Triacetato de glicerilo (triacetina)

APÉNDICE 2
Formulario de información y evaluación del proveedor

Nombre del proveedor:	
Dirección del proveedor:	
Persona(s) de contacto:	
Teléfono:	Fax:
Descripción y código del material:	

¿Tiene la empresa algún documento sobre política de calidad o seguridad del producto?	Sí/No
¿Lleva a cabo la empresa un completo proceso de seguimiento? Si la respuesta es sí, aportar y adjuntar al formulario detalles completos del mismo ______________________________	Sí/No
¿Existe algún documento de la empresa sobre garantías de diligencia de cumplimiento del producto?	Sí/No
¿Conserva la empresa certificados de acreditación?	Sí/No
¿Lleva a cabo la empresa un sistema APPCC completamente documentado? Si la respuesta es sí, aportar y adjuntar al formulario detalles completos del mismo ______________________________	Sí/No
¿Puede proporcionar la empresa información agroquímica completamente documentada sobre los ingredientes suministrados?	Sí/No
¿Puede proporcionar la empresa una política vegetariana completamente documentada para los ingredientes suministrados?	Sí/No
¿Lleva a cabo la empresa un sistema de lucha contra las plagas de insectos y ratas? Si la respuesta es sí, aportar detalles del régimen de inspección y el nombre del contratista ______________________________	Sí/No

¿Lleva a cabo la empresa un procedimiento de retirada de productos claramente definido? Sí/No
Si la respuesta es sí, aportar y adjuntar al formulario detalles completos del mismo ______

¿Posee la empresa un sistema documentado para reclamaciones del cliente? Sí/No
Si la respuesta es sí, aportar y adjuntar al formulario detalles completos del mismo ______

¿Posee la empresa una política de exclusión de vidrio en su proceso de fabricación? Sí/No
Si la respuesta es sí, aportar y adjuntar al formulario detalles completos del mismo ______

¿Realiza la empresa un proceso de evaluación de sus propios proveedores? Sí/No
Si la respuesta es sí, aportar y adjuntar al formulario detalles completos del mismo ______

¿Realiza la empresa su propia investigación microbiológica? Sí/No

¿Lleva a cabo la empresa procedimientos microbiológicos u otros para la puesta en circulación? Sí/No

---

¿Lleva a cabo la empresa análisis químicos regulares de la materia prima y de los productos? Sí/No

¿Pasan todos los productos a través de un sistema detector de cuerpos extraños? Sí/No

¿Se protegen la materia prima y los productos, en todo momento, de contaminantes externos? Sí/No

¿Comprueba la empresa su suministro de agua? Sí/No

¿Se compran las materias primas según la especificación? Sí/No

¿Posee la empresa una especificación escrita para todos los productos acabados? Sí/No
Si la respuesta es sí, aportar la especificación de la materia prima suministrada ______

¿Cuántos empleados tiene su empresa? ______

¿Cuántas personas de la plantilla están directamente implicadas en la manipulación de alimentos? ______

¿Realiza el personal nuevo algún entrenamiento de introducción? Sí/No

¿Es sometido a algún examen médico el personal nuevo? Sí/No

¿Se halla el personal adecuadamente entrenado para cumplir sus funciones según la Health & Safety At Work Reg 1992? Sí/No

¿Se halla el personal suficientemente entrenado para cumplir con la COSHH Reg 1998?	Sí/No
¿Tiene la empresa un programa escrito de limpieza?	Sí/No
¿Protege adecuadamente la ropa lavada y suministrada por el contratista?	Sí/No
¿Realiza la empresa un sistema de turnos de trabajo?	Sí/No
¿Se halla documentado el mantenimiento de la maquinaria y equipos?	Sí/No
¿Lleva a cabo la empresa una política GMO? Si la respuesta es sí, aportar detalles ______________________	Sí/No
¿Garantizaría que todos los productos fabricados por su empresa cumplen por completo con la legislación pertinente y en vigor en el momento de la venta?	Sí/No
¿En su opinión, garantizaría que su empresa toma las precauciones y prácticas de diligencia de cumplimiento para evitar la comisión de un delito, bien por sí misma o por alguna persona bajo su control?	Sí/No

Por favor, aporte los siguientes detalles sobre responsabilidad del producto:

Asegurador:

Número de póliza:

Detalles de la persona responsable de la garantía de calidad

Nombre:

Cargo:

Teléfono:

Detalles de la persona con quien contactar en caso de emergencia:

Nombre:

Cargo:

Teléfono durante 24 horas:

Firmado:

Cargo:

Fecha:

Por favor no escribir debajo de la línea

Comentarios:

Firma:

Fecha:

Apéndice 3
Informe de inspección de entrega de la carne

Fecha de entrega:	Código de rotación:
Nombre de la empresa repartidora:	Norma de paletización:
N° de registro del vehículo:	Nombre del inspector:
Nota sobre el estado del vehículo:	Nota de entrega n°:

Descripción del material:	
Estimación visual de la grasa:	
Nombre del proveedor:	
País de origen:	N° de planta EC:
Peso por unidad:	Peso total:

Fecha de sacrificio:	Fecha de envasado:
Temperatura de almacenamiento:	Fecha de consumo preferente:
Temperatura en el centro del envase:	Temperatura en el centro del material:

Aspecto del material:	Tipo y estado del envase:

Observaciones sobre la garantía de calidad: Físicas/Químicas/Microbiológicas Rechazado/En espera/Autorizado: (*Explicar el motivo*)	
Firma del QA:	Fecha:

APÉNDICE 4
Informe de inspección de entrega de productos secos

Fecha de entrega:	Código de rotación:
Nombre de la empresa repartidora:	Norma de paletización:
N° de registro del vehículo:	Nombre del inspector:
Nota sobre el estado del vehículo:	Nota de entrega n°:

Descripción del material:	
Nombre del proveedor:	
País de origen:	
Peso por unidad:	Peso total:

Condiciones de almacenamiento/Comentarios:
Vida útil:

Tipo y estado del envase:

Observaciones sobre la garantía de calidad: Rechazado/En espera/Autorizado: (*Explicar el motivo*)	
Firma del QA:	Fecha:

APÉNDICE 5
Informe de inspección de entrega del material envasado

Fecha de entrega:	Código de rotación:
Nombre de la empresa repartidora:	Norma de paletización:
N° de registro del vehículo:	Nombre del inspector:
Nota sobre el estado del vehículo:	Nota de entrega n°:

Descripción del material:	
Nombre del proveedor:	
País de origen:	
Tamaño de la unidad:	Cantidad total:

Condiciones de almacenamiento/Comentarios:

Tipo y estado del envase:	Vida útil:

Observaciones sobre la garantía de calidad: Rechazado/En espera/Autorizado: (*Explicar el motivo*)	
Firma del QA:	Fecha:

APÉNDICE 6

Diagrama de flujo del proceso APPCC: embutidos cocidos

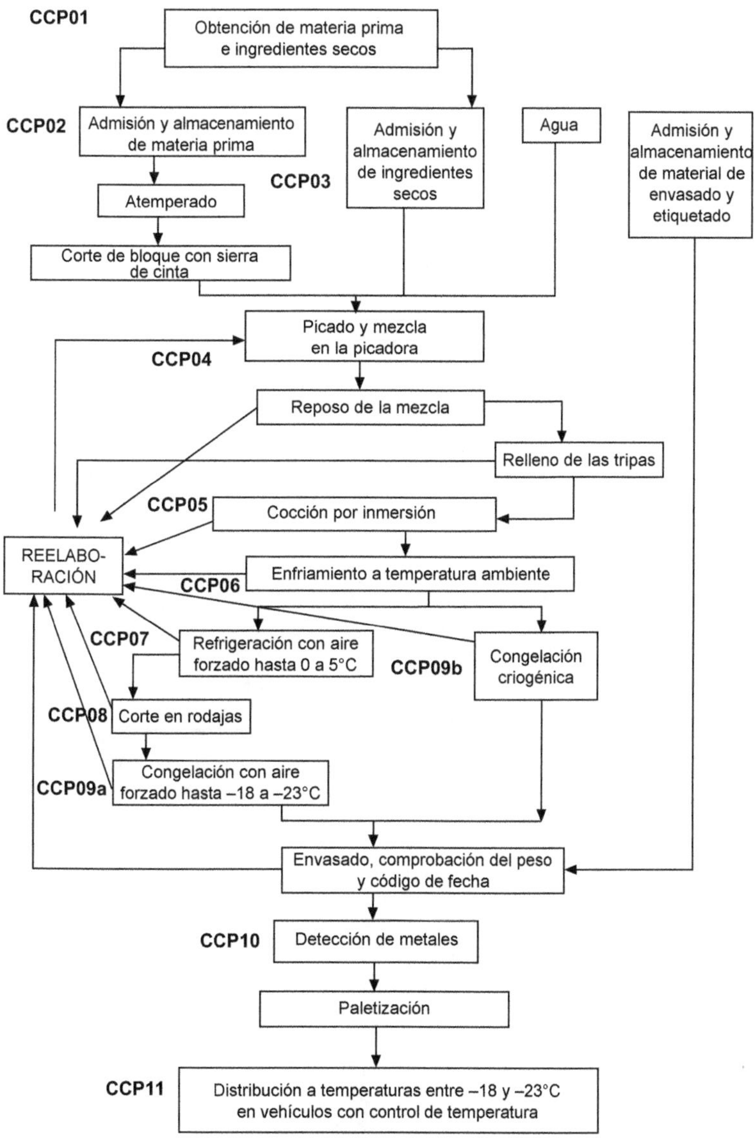

APÉNDICE 7
Plan de APPCC para embutidos cocidos

Fases del proceso	*Peligros*	*Medidas (de control) preventivas*	*Punto de Control Crítico*	*Límites de tolerancia*	*Supervisión*	*Acción correctora*
Obtención de carne e ingredientes secos	Biológicos: Patógenos Físicos: Contaminación por cuerpos extraños	Según la especificación escrita para todos los materiales. Garantía de los proveedores. Comprar únicamente a proveedores autorizados	PCC01	Tolerancias según la especificación, incluidas normas bacterianas sobre la carne cruda y tamizado y detección de metales para los ingredientes secos	Auditoría rutinaria a los proveedores. Si es necesario, garantía/certificado de conformidad/análisis/puesta en circulación, realizados por el QA.	Retención de la materia prima que se aparte de los límites de tolerancia especificados. Contactar con los proveedores. Rechazar los meteriales procedentes de proveedores no autorizados.
Recepción y almacenamiento de carne cruda	Biológicos: Alta probabilidad de crecimiento de bacterias alternativas. Físicos: Contaminación con metales, plásticos y huesos	Almacenar la materia prima a una temperatura igual o inferior a la de inhibición del crecimiento de patógenos. Controlar la temperatura ambiental y del material en la recepción y durante el almacenamiento.	PCC02	–18 a –23°C para la carne congelada. 0 a 5°C para la carne refrigerada y ambiental para el atemperado. Ausencia de polietileno, huesos o metales atrapados.	Registro de los controles de temperatura ambiental y del material en la recepción y durante el almacenamiento, realizados por supervisores internos experimentados. Inspección visual a cargo de un supervisor experimentado. QA para verificar la precisión de los termómetros y calibrarlos cuando sea necesario.	Rechazar la carga si la temperatura es superior a –18°C. Rechazarla si existen cuerpos extraños. Retenerla hasta que se emita el certificado de conformidad/análisis/ puesta en circulación. Contactar con el proveedor.

(continúa)

Apéndice 7 (Continuación).

Fases del proceso	*Peligros*	*Medidas (de control) preventivas*	*Punto de Control Crítico*	*Límites de tolerancia*	*Supervisión*	*Acción correctora*
Recepción y almacenamiento de productos secos	Biológicos: En ambiente húmedo es probable el crecimiento de bacterias alternativas. Físicos: Contaminación con metales, madera, plástico, vidrio, insectos y otros cuerpos extraños.	Comprobar si los productos secos cumplen la especificación. Inspección visual, tamizado, cebado. Evitar ambientes húmedos.	PCC03	Según lo especificado. Ausencia de cuerpos extraños. Libre de infestación. Remesa y envase sin humedad.	Garantía y certificado de conformidad según QA. Informe de inspección visual. Control de insectos. Comprobación de la humedad del almacén por un supervisor interno con experiencia.	Rechazar la carga con cuerpos extraños. Rechazar la carga contaminada por contacto con el agua. Contactar con el proveedor. Retener el material hasta que se emita el certificado de conformidad.
Picado y mezcla en la picadora	Biológicos: Bacterias alternativas, *E. coli, Salmonella, Staph. aureus*. Una retención prolongada en ambientes con temperaturas sin controlar puede dar lugar a un nivel de patógenos inaceptable. Físicos: Cuerpos extraños, entre ellos, metales, vidrio, plástico y polvo.	Realización por todos los operarios de una Buena Práctica de Fabricación (BPF), incluido un procedimiento de extracción de vidrio y cuerpos extraños. Programa de higiene eficaz de los equipos y superficies de contacto, empleando agentes autorizados. Mantenimiento preventivo del equipo y proceso, por medio de los técnicos, instrucciones de trabajo e instrucciones para el control del proceso.	PCC04	Ausencia de listeria en las superficies de contacto. Ausencia de contaminación por cuerpos extraños del proceso y el producto.	Inspección visual por operarios y QA. Operación de limpieza observada por QA. Higiene por QA para verificar la eficacia sobre los patógenos de los agentes químicos de limpieza y sanitarios. Inspección técnica diaria. QA diario del sistema de control y seguimiento.	Reevaluar y ajustar el procedimiento de limpieza, materiales y programas cuando y donde sea aplicable. Retener los productos tras la última limpieza. Eliminar los productos contaminados.

Fases del proceso	*Peligros*	*Medidas (de control) preventivas*	*Punto de Control Crítico*	*Límites de tolerancia*	*Supervisión*	*Acción correctora*
Cocción	Biológicos: *E. coli, Salmonella, Staph. aureus*. Es muy probable la contaminación bacteriana desde el producto crudo al embutido cocido, mediante el potencial de supervivencia y/o crecimiento, debido a un proceso de cocción insuficiente.	Separación por los operarios del producto crudo del cocido. Control por los operarios del tiempo y temperatura de cocción. Entrenamiento de los operarios sobre disciplina de alto y bajo riesgo.	PCC05	Producto crudo y cocido sin contactar. Temperatura del aceite de cocción de 160 a 170°C para 4-6 min de cocción. Temperatura en el centro del producto de 85-95°C, con una mínima absoluta de 72°C.	Son eficaces QA para supervisar los controles de tiempo y temperatura. QA para verificar la precisión de los instrumentos de medida de tiempo y temperatura y calibrarlos según la especificación. Auditoría diaria mediante QA. Anotación de la temperatura de cocción.	QA en el producto retenido para determinar si se rechaza o reelabora. QA para estudiar el proceso y determinar la causa del defecto, incluyendo la recomendación. Reparaciones o cambios del proceso necesarios a cargo de los técnicos.
Enfriamiento a temperatura ambiente (si se aplica)	Biológicos: Contaminación con patógenos.	Perfil y control del tiempo y temperatura, mediante QA y operarios.	PCC06	Tiempo de enfriamiento inferior a 30 minutos. Temperatura ambiente inferior a 10°C.	QA para que los operadores observen el control del tiempo y la temperatura del producto y del ambiente. QA para verificar la precisión de los termómetros y calibrarlos si es necesario.	Retener y eliminar los productos inadecuados.
Refrigeración hasta 0 a 5°C	Biológicos: Contaminación tras la cocción y crecimiento de patógenos y bacterias alternativas.	Control del tiempo y temperatura del producto y del refrigerador.	PCC07	Refrigerar hasta 5°C en 90 minutos.	QA para comprobar y verificar el tiempo y la temperatura del refrigerador 2 veces por turno para asegurar la conformidad. QA para verificar la precisión de los termómetros y calibralos si es necesario.	Contactar con los técnicos si la temperatura supera los 5°C.

(*continúa*)

Apéndice 7 (Continuación).

Fases del proceso	*Peligros*	*Medidas (de control) preventivas*	*Punto de Control Crítico*	*Límites de tolerancia*	*Supervisión*	*Acción correctora*
Corte en rodajas (opcional)	Biológicos: Recontaminación de los embutidos por organismos alternativos y patógenos.	Mantener la temperatura de la zona de alto riesgo y de la sala de corte a 8-10°C y la temperatura del producto a 5°C. Detener, limpiar e higienizar la cortadora cada hora. Utilizar guantes y evitar una manipulación excesiva.	PCC08	Temperatura de la sala de corte a 8-10°C. Temperatura del producto inferior a 5°C.	QA para observar y verificar en cada lote de producto la precisión de la comprobación y el registro de las temperaturas del producto y de la sala. QA para realizar la puesta en marcha del equipo de corte, verificando de esta forma la eficacia de los agentes de limpieza y sanitarios sobre las superficies de contacto.	QA para investigar la causa del defecto y recomendar la acción. Actuación técnica para realizar el mantenimiento necesario y reparar la temperatura de la sala de corte, si supera los 10°C. QA para retener y eliminar si es necesario los productos inadecuados.
Congelación con aire forzado (si se aplica)	Biológicos: Contaminación tras la cocción y crecimiento de patógenos.	Control de la temperatura del producto y del congelador.	PCC09	Temperatura –18 a –23°C.	QA para comprobar y verificar la precisión de la carta de registro de temperatura del congelador 2 veces por turno. QA para verificar la precisión de los termómetros y calibrarlos si es necesario.	Contactar con los técnicos si la temperatura del congelador es superior a –18°C. Retención del producto, dependiendo de la desviación del tiempo y temperatura. QA para investigar la causa de la inadecuación y evitar que se repita.
Congelación criogénica (si se aplica)	Biológicos: Crecimiento de bacterias patógenas y alternativas. Físicos: contaminación con cuerpos extraños.	Control del tiempo y temperatura del producto y del túnel e inspección visual.	PCC09b	Temperatura: –18 a –23°C. Establecimiento de la velocidad de la cinta transportadora del túnel de	QA para comprobar y registrar el tiempo y temperatura del producto que entra y sale del túnel cada hora.	Retener el producto hasta la última prueba. Contactar con los técnicos si existe un problema. Ajustar el tiempo del proceso y la

Fases del proceso	*Peligros*	*Medidas (de control) preventivas*	*Punto de Control Crítico*	*Límites de tolerancia*	*Supervisión*	*Acción correctora*
				acuerdo con el tamaño del produto y la temperatura.		velocidad de la cinta y volver a pasar el producto por el túnel. QA para investigar las causas de la inadecuación de producto y evitar que se repita.
Detección de metales	Contaminantes metálicos	Mantenimiento preventivo de la sierra de cinta, picadora y otros equipos en contacto con el alimento. Tapar el alimento durante el proceso. Especificar el tamizado de los productos secos.	PCC10	Ferroso: 3 mm No ferroso: 3 mm Acero inoxidable: 4 mm.	QA para verificar la precisión del detector de metales y calibrarlo, si es necesario. Efectuar la detección de metales en cada lote de producto.	Retener el producto si falla la prueba, reajustar la sensibilidad del detector y volver a realizar todas las comprobaciones en todos los productos.
Distribución de frío	Crecimiento de bacterias alternativas y patógenas.	Temperatura del producto y del vehículo. Control higiénico de los vehículos de transporte.	PCC11	Temperatura: –18 a –23°C.	Comprobar la temperatura del producto y del vehículo antes de la descarga. Inspección visual de las condiciones higiénicas del vehículo.	No enviar si la temperatura del producto es superior a –18°C. QA para investigar la causa de la inadecuación del producto y evitar que se repita. Contactar con los técnicos para efectuar las reparaciones necesarias.

Bibliografía

ACTON, J C, ZIEGLER, G R and BURGE, D L (1982), 'Functionality of Muscle Constituents in the Processing of Comminuted Meat Products', *CRC Critical Reviews in Food Science & Nutrition,* **18**, 99-121.

BLOUKAS, J G, PANERAS, E D and FOURNITZIS, G C (1997), 'Effect of Replacing Pork Back Fat with Olive Oil on Processing and Quality Characteristics of Fermented Sausages', *Meat Science,* **45**(2), 133-144.

BROWN, S and LEDWARD, D A (1987), 'Effect of Temperature of Comminution on the Stability and Eating Quality of English Sausages', *Meat Science,* Elsevier, **20**, 97-105.

BS 4778: Part 2 (1991) - ISO 8402.

'Casing Study', *Meat International,* Elsevier, (2000), **10**(10), 22-23.

CHAN, V R S H (2000), 'Managing Risks by the Feed Industry for Safe Food', *Feed Tech,* Elsevier, **4**(3), 29-31.

DILLON, m (2001), 'Food Standards and Auditing', *in Auditing in the Food Industry,* edited by Mike Dillon and Chris Griffith, Cambridge, Woodhead Publishing & Boca Raton, CRC Press.

DILLON, M and GRIFFITH, C, eds., (2001), *Auditing in the Food Industry,* Cambridge, Woodhead Publishing & Boca Raton, CRC Press.

DIX, S (2001), 'What Auditors Look For: A Retail Perspective', in *Auditing in the Food Industry,* edited by Mike Dillon and Chris Griffith, Cambridge, Woodhead Publishing & Boca Raton, CRC Press.

DONALDSON, R I and EARLY, R (1996), *Essential Food Hygiene for the Food Industry,* London, Royal Society for the Promotion of Health.

FAO (1985), 'Small-Scale Sausage Production', *FAO Animal Production and Health Paper 52.*

FELLOWS, P I (2000), *Food Processing Technology Principles and Practice,* Second Edition, Cambridge, Woodhead Publishing Ltd.

FULLER, G W (1994), *New Food Product Development: From Concept to Marketplace,* Boca Raton, CRC Press.

HANSEN, R (2000), 'Seeing Through the Smoke Screen', *Meat International,* Elsevier, **10**(8), 18-20.

IFST (1998), *Food and Drink - Good Manufacturing Practice: A Guide to its Responsible Management,* 4th edition, London, Institute of Food Science and Technology.
KELLAN, G (1965), *Cooking Losses in Pork Sausages,* Research Report, Leatherheald Food RA, Leatherhead.
Meat Products and Spreadable Fish Product Regulations, MAFF, (1984).
'The Start of a Sausage Revolution', *Meat & Poultry News,* (2000), **11**(6), 20-21.
Meat Demand Trends, MLC Economics, (2000), vol. 4.
'Sausage Consumption a Positive Choice', *Meat Demand Trends,* MLC, (1993), vol. 3
SMITH, D (2000), 'Staff Needs are Essential When Adopting HACCP', *Meat International,* Elsevier, **10**(2).
SPRENGER, R A (2002), *Hygiene for Management: Focus on Food Safety,* 9th edition, Doncaster, Highfield Publications.
TOWNSEND, WE, ACKERMAN, S A, WITNAUER, LP, PALM, W E and SWIFT, C E (1971), *Journal of Food Science,* **36**, 261.
VARNAM, A H and SUTHERLAND, J P (1995), 'Meat and Meat Products Technology, Chemistry and Microbiology', *Food Products Series,* London, Chapman and Hall, vol. 3.
WOOLLEN, A (2000), 'The Food Allergy Challenge', *Food Processing,* IML Group, **68,** 12.

Índice alfabético